W0097171

Helmut Satz

Gottes unsichtbare Würfel

Helmut Satz

Gottes unsichtbare Würfel

Die Physik an den Grenzen des Erforschbaren

Verlag C. H. Beck

Mit 52 Abbildungen, davon 26 in Farbe

Satz: Fotosatz Amann, Aichstetten
Druck und Bindung: Kösel, Krugzell
Umschlaggestaltung: Anzinger | Wüschner | Rasp, München
Gedruckt auf säurefreiem, alterungsbeständigem Papier
(hergestellt aus chlorfrei gebleichtem Zellstoff)
Printed in Germany
ISBN 978 3 406 65549 4

www.beck.de

Gott würfelt nicht.

Albert Einstein

Gott würfelt doch,
nur wirft er die Würfel mitunter dorthin,
wo man sie nicht sehen kann.

Stephen Hawking

Inhalt

Vorwort

Vor die Wahl gestellt zwischen Paradies und Erkenntnis, hat der Mensch, so die Bibel, die Erkenntnis gewählt. Doch waren das tatsächlich Gegensätze? Denn es ergab sich, dass vielen der Gewinn von Erkenntnis und der weitere Horizont außerhalb des Gartens Eden genauso viel Glück und Zufriedenheit brachten wie das verlorene Paradies.

Die Menschen wollten von jeher die Welt erforschen, in der sie leben, und sie wollten immer wissen, was hinter dem Horizont liegt. Diese Neugier hat eine Reise ausgelöst, die vor 200 000 Jahren in einer fernen Ecke Afrikas begann und uns bis in die entlegensten Winkel der Erde gebracht hat. Alle Ozeane sind befahren, alle Kontinente überflogen. Unsere Raumsonden dringen immer tiefer in den Weltraum vor und erforschen immer fernere Galaxien. Am anderen Ende der Skala, im Mikrokosmos, lösen hochenergetische Teilchenbeschleuniger die Materie in immer höherem Maße auf, untersuchen ihre kleinsten Bestandteile und deren Wechselwirkungen, erforschen, wie alles zusammengesetzt ist. Gibt es ein Ende, stößt unsere Suche je auf unüberwindbare Grenzen, im Großen wie im Kleinen?

In den vergangenen hundert Jahren haben Physik und Kosmologie gezeigt, dass es tatsächlich solche Grenzen gibt, dass Bereiche des Universums existieren, in die wir niemals einzudringen vermögen. Diese Bereiche können wir nur in unserer Vorstellung bereisen; wir können spekulieren, wie sie wohl aussehen mögen, wie sie konstruiert sein könnten. Und wir können uns überlegen, ob womöglich nicht doch irgendwelche Zeichen ihrer Existenz, irgendwelche Hinweise auf ihre Form bis in unsere Welt dringen.

Unerreichbare Gebiete gibt es in jenen fernen Teilen des Universums, in denen sich, aus unserer Sicht, der Raum mit mehr als Lichtgeschwindigkeit ausdehnt. Näher gelegen, werden sie erzeugt durch schwarze Löcher, in denen die Schwerkraft so stark wird, dass sie selbst Licht gefangen hält. Im Bereich des Mikrokosmos sind die Quarks für immer beschränkt auf ihre Welt extremer Dichte, ohne leeren Raum, und sie können nie aus dieser Welt entkommen. Mit dem Urknall als Ursprung des Universums bestand unsere Welt in ihren frühen Stadien auch aus Materie von extremer Dichte und Hitze. In hochenergetischen Teilchenkollisionen können wir die Wechselwirkungen unter solchen Bedingungen untersuchen. Daraus folgt, dass das Universum in seiner Evolution verschiedene Zustände durchlaufen haben muss. Was waren das für Zustände, die heute für uns hinter zeitlichen Horizonten entschwunden sind?

Obwohl sich keine Information aus den unerreichbaren Gebieten in unsere Welt übertragen lässt, so können doch mitunter seltsame Zeichen erscheinen, die uns zumindest auf die Existenz jener Gebiete hinweisen. Solche Zeichen werden ermöglicht durch Quanteneffekte. Die von Stephen Hawking und William Unruh untersuchten Strahlungsformen sind Beispiele für Effekte dieser Art, die immer dann auftreten können, wenn Quantenfluktuationen an einem Horizont stattfinden, der verschiedene Kausalitätsbereiche voneinander trennt. In Anbetracht der Vielfalt sogenannter Elementarteilchen lässt sich vermuten, dass sie das Ergebnis eines Phasenübergangs sind, hervorgegangen aus einer einfacheren, symmetrischeren Welt. Einen solchen Übergang, von einem Plasma aus Quarks in ein Gas von Nukleonen und Mesonen, versucht man zurzeit durch hochenergetische Kernkollisionen im Labor nachzuvollziehen. Das würde uns einen Zugriff auf einen sonst nicht mehr erreichbaren Zustand des frühen Universums erlauben.

In diesem Buch möchte ich zeigen, wie die verschiedenen Grenzen der für uns erreichbaren Welt entdeckt worden sind – auf der Erde und im Weltraum, im Großen und im Kleinen, jetzt und in der Vergangenheit – und wie sie dazu beigetragen haben, unser Bild der Welt zu formen. Es ist eine Geschichte der Entstehung dieses Weltbilds – dessen Anfang älter ist als Naturwissenschaft und das mehr ist als nur etwas für Naturwissenschaftler. Am Anfang waren Philosophen, die sich fragten, woraus die Welt besteht; waren Seefahrer, die es wagten nachzusehen, ob die Erde irgendwo zu Ende ist; waren

Astronomen, die mit Hilfe der neu erdachten Geometrie unsere Position im Weltall bestimmen wollten. Als Menschen sich fragten, warum die Sonne scheint oder warum der Himmel nachts dunkel ist, legten sie den Grundstein für unser heutiges Weltbild. Der amerikanische Schriftsteller Edgar Allan Poe hat den Urknall in die Literatur eingebracht, bevor er in der Physik aktuell wurde. Vieles, was wir heute mit schwarzen Löchern und Einsteinbrücken zwischen fernen Raumpunkten verbinden, ist in den Geschichten von Lewis Carroll aufgetaucht, bevor es Naturwissenschaft wurde. Auch viele andere Ideen sind hier und da, früher und später immer wieder aufgetaucht, in *Science* und in *Sciencefiction*. Allen gemeinsam ist die Frage, ob das noch nicht Erforschte anders ist als das bereits Erforschte und ob es möglich ist, auf diese Frage eine Antwort zu finden. Wenn, dann muss die Lösung natürlich im Rahmen der Physik gefunden werden, der Physik an den Grenzen des Erforschbaren.

Dieses Buch soll keine systematische Darstellung neuerer Entwicklungen in Physik und Kosmologie liefern. Es soll eine Geschichte darstellen, die vor langer Zeit begann und sicher nicht so bald zu Ende gehen wird. Sie behandelt Vorgänge, die die Welt mitunter in zwei oder drei Jahrzehnten völlig verändert haben, wie das der Fall war in der Zeit von Vasco da Gama und Kolumbus oder in der von Planck, Einstein, Bohr und Heisenberg. Andererseits hat es mitunter ein Jahrtausend gebraucht, um dem Weltbild ein paar Epizyklen hinzuzufügen, wie in den Jahren zwischen Ptolemäus und Kopernikus. Das Problem ist, wie der bekannte österreichische Theoretiker Walter Thirring einmal gesagt hat, dass, «um etwas Neues zu bringen, man eine neue Idee haben muss», und das geschieht nicht alle Tage. Das Spiel auf der Klaviatur der bekannten theoretischen Formalismen allein führt zwar zu vielen Melodien, aber nicht zu einer neuen, überzeugenden Harmonie.

Ich habe versucht, in meiner Darstellung ohne Mathematik auszukommen. Das ist, wie ich im Anhang über die Sprache der Physik erklären werde, eine zweischneidige Sache. Selbst Einstein hat mitunter, um die Relativitätstheorie zu erläutern, die Sicht von Reisenden in einem Zug mit der von Zuschauern auf dem Bahnhof verglichen. Für ein tieferes Verständnis ist aber die Mathematik wohl schon unerlässlich. Als Kompromiss habe ich hier und da technische Ergänzungen zusammengestellt, die dann am Ende des Buchs erscheinen und in denen ich einige einfachere mathematische Gedankengänge erläutern möchte. Ich hoffe aber sehr, dass die Gesamtdarstellung verständlich bleibt, auch wenn man diese auslässt.

Wenn man versucht, die Lesbarkeit so weit wie möglich zu erhalten, scheint es unabdingbar, gewisse Begriffe und Ideen zu wiederholen. Oft kann man auf «wie bereits im vorigen Kapitel dargestellt» zurückgreifen, doch manchmal ist es für den Leser sehr viel bequemer, wenn das Angesprochene kurz wiederholt wird. Ich bitte daher um Verständnis für die Wiederholungen. Und noch eine Entschuldigung scheint angebracht zu sein. Wenn ich mich entscheiden musste zwischen wissenschaftlicher Präzision und einer das Verständnis fördernden Vereinfachung, habe ich meist das Letztere gewählt. Es schien mir besser, dass der Leser die Gedanken weiterverfolgt, auch wenn dann später einige Korrekturen notwendig werden, als ihn in technischen Einzelheiten zu verlieren. Meine Inspiration war hier die Bemerkung des großen dänischen Physikers Niels Bohr, der fand, dass Wahrheit und Klarheit komplementäre Begriffe seien: Je mehr man das eine erreicht, desto weniger erfüllt man das andere.

Zum Schluss möchte ich allen danken, die mir geholfen haben auf der Suche nach einem Verständnis für das Weltbild der Physik und seine Entwicklung. Wesentliche Unterstützung kam natürlich von all meinen Kollegen, in Bielefeld, in Brookhaven, am CERN, in Dubna und in vielen anderen Institutionen. Die Zusammenarbeit und die Diskussionen mit ihnen waren für mich von grundlegender Bedeutung. Zu großem Dank verpflichtet bin ich ferner Susette von Reder für ihre wertvolle technische Hilfe bei der Erstellung des Manuskripts. Besonderer Dank geht an Stefan Bollmann, den Lektor des Verlags C.H.Beck, der den gesamten Text sorgfältig durchgegangen ist und unzählige sprachliche Verbesserungen vorgeschlagen wie auch Unklarheiten beseitigt hat. Last, but far from least, danke ich meiner Frau ganz herzlich dafür, dass sie mich all diese Jahre ertragen und unterstützt hat.

Bielefeld, 2013 *Helmut Satz*

Von der Westküste Lusitaniens
über Meere noch niemals befahren

Luis de Camões, *Die Lusiaden*

1. Horizonte

begrenzen unsere Welt, wo immer wir auch sein mögen. Selbst vom höchsten Berg oder vom Flugzeug aus endet unsere Sicht stets an einem Horizont, hinter den wir nicht blicken können. Zudem sind Horizonte nicht fassbar: Versuchen wir, sie zu erreichen, sind sie schon wieder weitergewandert. Aber trotzdem können wir uns fragen, wie es dahinter aussieht, und zu allen Zeiten haben die Menschen das auch getan. Wohl nirgendwo stellt sich diese Frage so klar wie am Meer, wo Himmel und Wasser am Horizont aufeinanderstoßen. An der Küste des Mittelmeers haben die Phönizier schon vor über dreitausend Jahren Segelschiffe gebaut und sind damit bis an die Grenzen ihrer Welt gesegelt, zu den Säulen des Herkules, unserem heutigen Gibraltar. Die Schiffe der Wikinger fuhren hinaus in unbekannte Nordmeere, und die portugiesischen Seefahrer wagten es nachzusehen, ob die Erde nicht doch irgendwo zu Ende sein würde. Horizonte haben schon immer den Wunsch erzeugt zu erfahren, was jenseits des Meeres oder hinter dem Berg ist, wie es weitergeht. Die Suche nach besseren Lebensbedingungen, nach verträglicherem Klima, nach günstigeren Verbindungen – all das hat sicher eine Rolle gespielt. Aber stets war auch eine angeborene Neugier dabei, die vielleicht sogar die treibende Kraft für die Ausbreitung der Menschheit über die gesamte Erde und darüber hinaus war. Alle Ozeane sind befahren, alle irdischen Horizonte erforscht, und im Weltall erreichen unsere Raumsonden immer fernere Sternenwelten. Auch im Mikrokosmos, auf der Suche nach den kleinsten Bestandteilen der Materie, dringen wir immer weiter vor. Hochenergiebeschleuniger gestatten eine immer feinere Auflösung. Hört das irgendwann auf, gibt es einen kleinsten Abstand? Gibt es noch Horizonte und Grenzen, im Großen oder im Kleinen, in Raum oder Zeit, die für uns unerreichbar oder unpassierbar sind?

Jeder Horizont bildet nicht nur eine räumliche, sondern auch eine zeitliche Grenze. Wenn ein Reisender in vergangenen Zeiten eine ferne Bergkette am Horizont sah, dann wusste er, dass er das dahinter liegende Land erst viele Stunden später sehen würde. Sein «Erkenntnis-Horizont» hatte also eine räumliche Dimension in Kilometern und eine zeitliche in Stunden. Auch diese Form von Horizont hat die Menschen angespornt, möglichst rasch *dahinter*zukommen. Schon ein Pferd brachte den Reisenden damals schneller an die Bergkette heran; lange Zeit war das die Lösung. Man richtete Poststationen ein, an denen ermüdete Reiter und Pferde durch ausgeruhte ersetzt wur-

Ein Postreiter verkündet 1648 das Ende des Dreißigjährigen Krieges.

den; auf diese Weise ließen sich Nachrichten mit erstaunlicher Geschwindigkeit verbreiten. Solche Systeme gab es im alten Ägypten, Persien und China schon vor mehr als dreitausend Jahren; im Römischen Reich brachten es die Postreiter auf 300 Kilometer in vierundzwanzig Stunden. Postreiter und Postkutschen bestimmten den Grad der Bequemlichkeit des Reisens und die Geschwindigkeit der Nachrichtenübermittlung bis ins 19. Jahrhundert. Der Pony-Express trug wesentlich dazu bei, den amerikanischen Westen zu erschließen; mehr als 400 Pferde waren dabei notwendig, um in zehn Tagen die Post von der Ostküste nach Kalifornien zu bringen. Noch heute wird der amerikanische Präsident, der im November gewählt wurde, erst im Januar in Washington vereidigt. Die beiden Monate dazwischen gaben damals den Kaliforniern Zeit, an die Ostküste zu reiten.

Wenn man die räumlichen und die zeitlichen Aspekte der Erreichbarkeit kombiniert, erhält man eine interessante neue Form von Horizont,

die Grenze der Erreichbarkeit.

Mit dem Postreiter als Informationsübermittler, also bei 300 km/Tag, braucht man drei Tage, um einem 900 km entfernten Ansprechpartner eine Nachricht zu senden. Bis dahin ist er unabänderlich jenseits unseres Erreichbarkeitshorizonts. Je länger wir warten, desto größer wird der Bereich, mit dem wir kommunizieren können. Die Aufteilung unserer Welt in erreichbare und nicht erreichbare Gebiete ist im Bild auf Seite 16 dargestellt. Die Aufteilung hängt natürlich von der Geschwindigkeit unseres Boten ab – je schneller er ist, desto weiter können wir in vorgegebener Zeit in den Raum vordringen.

Heute haben wir Verkehrsmittel, die uns in Stunden statt in Tagen, Wochen oder Monaten ans Ziel bringen. Eine Reise von Europa nach Fernost, die noch vor hundert Jahren mehrere Wochen dauerte, erfordert heute keine zehn Stunden. Und wenn es sich lediglich darum dreht, eine Verbindung mit der «anderen Seite der Berge» herzustellen, schaffen Telefon und Funk das fast unmittelbar. Unsere

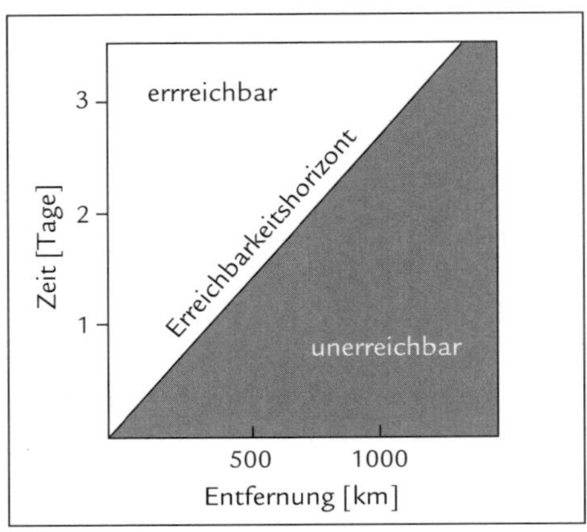

Der für einen Postreiter bei 300 km/Tag mögliche Erreichbarkeitshorizont

zeitliche Distanz in der Kommunikation mit entfernten Regionen hängt nur davon ab, wie schnell wir Signale dorthin entsenden oder von dort empfangen können.

Deshalb war ein ganz wesentlicher Schritt in unserem Verständnis der Natur die Erkenntnis, dass es auch für die Geschwindigkeit der Informationsübermittlung eine Grenze gibt, die endliche Lichtgeschwindigkeit. Auf der Erde ist die daraus folgende Verzögerung meist unwesentlich und beeinträchtigt selbst die Kommunikation auf interkontinentaler Ebene kaum. Aber was bei uns hier und heute geschieht, das werden entfernte Welten erst später erfahren, und was uns von ihnen übermittelt wird, ist ihre Vergangenheit. Das Licht der Sterne, das wir heute sehen, ist bereits vor Millionen von Jahren ausgestrahlt worden. Wir können nicht wissen, ob diese Sterne jetzt noch existieren, und wenn ja, wo sie jetzt sind. Es gibt demnach schon Horizonte, hinter die wir nicht dringen können.

Doch selbst diese Horizonte sind noch weitgehend durch uns selbst bestimmt. Wenn wir lange genug warten könnten, würde uns das Licht ferner Sterne doch noch erreichen, und so wie wir für den Postreiter ein Erreichbarkeitsdiagramm erstellt haben, so können wir das auch für Radiosignale tun, die sich mit Lichtgeschwindigkeit ausbreiten. Was für den Postreiter Tage dauerte, bringt das Licht in Sekundenbruchteilen. Über den Unterschied in der Übermittlungsgeschwindigkeit hinaus kommt jetzt allerdings noch ein neuer, ganz wesentlicher Aspekt ins Spiel. Im Falle des Postreiters konnte der Horizont erweitert werden, durch ein schnelleres Pferd oder häufigeren Wechsel, später durch den Einsatz von Motorfahrzeugen. Lichtgeschwindigkeit jedoch bleibt Lichtgeschwindigkeit – wir haben da eine absolute Grenze erreicht. Die Ausbreitung des Lichts definiert einen Raumzeithorizont, bestimmt durch den Lichtkegel in Raum und Zeit. Was jenseits dieses Horizonts liegt, das ist für uns unerreichbar.

In astronomischen Dimensionen, im Weltraum, wachsen die für uns unerreichbaren Gebiete in Raum und Zeit natürlich gewaltig an. Ein Stern, der hundert Lichtjahre entfernt ist, kann heute kein Signal mehr schicken, das wir zu unseren Lebzeiten noch empfangen, und er wird auch von uns in diesem Zeitraum nichts hören. Aber das ist unser persönliches Problem; in genügend ferner Zukunft können unsere Nachfahren durchaus das heute von besagtem Stern abgesandte Signal in Empfang nehmen. Mit Radiowellen, also mit Licht als der schnellsten Übermittlungsmöglichkeit, entsteht auf diese Weise ein neues Erreichbarkeitsdiagramm.

Der Lichtkegel bestimmt für uns, was wir in der Zukunft beeinflussen können, er definiert unseren Raumzeithorizont. Was außerhalb des Lichtkegels liegt, ist im «Jenseits», für uns jetzt außer Reichweite. Der ferne Stern * liegt heute dort und ist für uns nicht zu

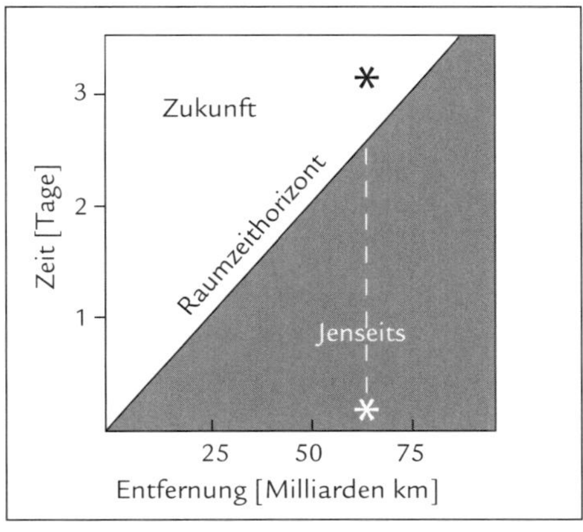

Die Lichtgeschwindigkeit bestimmt den Raumzeithorizont, der für uns erreichbare von unerreichbaren Gebieten trennt.

erreichen. Aber wenn wir lange genug warten – sehr lange für Lichtjahre entfernte Sterne –, dann wird er in unserer Zukunft sichtbar, wir können ihm ein Signal senden und er uns.

In der Physik spielen heute hingegen absolute Grenzen eine wesentliche Rolle: letzte Horizonte, endgültige *Grenzhorizonte*. Sie begrenzen die Teile des Universums, von denen an unserem Ort niemals irgendjemand ein Signal empfangen kann, auch nicht in fernster Zukunft. Wie ist das möglich? Diese Frage führt auf einige der erstaunlichsten Phänomene in der heutigen Physik und Kosmologie. Wenn wir mit Bereichen des Universums auf keine Weise in Verbindung treten können, muss das heißen, dass Licht «von dort» uns nie erreichen kann. Das können nur Bereiche sein, die weit entfernt sind und sich zudem kontinuierlich weiter entfernen, oder solche, die kein Licht herauslassen. In der Tat existieren beide Formen.

Wie alt ist das Universum? Die heutige Kosmologie geht von einem Urknall aus, vor etwa 14 Milliarden Jahren, in dem unendlich heiße und dichte Urmaterie erzeugt wurde, die sich dann ausdehnte und so unser Universum schuf. Der Urknall ist zwar zeitlich festgelegt, nicht aber räumlich; vor 14 Milliarden Jahren begann er überall – die Urwelt war nicht eine kleine, heiße Kugel, die dann explodierte, sondern unendlich dichte Materie, die dann durch Expansion verdünnt wurde. Die Zeit seit dem Urknall reicht deshalb nicht aus, damit aus Gebieten, die damals ausreichend fern von unserem Ausgangspunkt waren, uns hier und heute ein Signal erreichen kann. Das Licht aus jenen Gebieten hat einfach noch nicht genug Zeit gehabt, um es bis zu uns zu schaffen. Die Welt, die wir sehen, ist ein Ergebnis von Lichtgeschwindigkeit und Weltalter. Somit scheint es, dass wir einfach etwas Geduld haben müssen: Mit der Zeit wird mehr und mehr des bis heute noch nicht sichtbaren Bereichs in unser Sichtfeld kommen. Das Licht ferner Sterne ist schon «unterwegs» in unsere Welt.

Nur, während wir warten, hält das Universum nicht still. Astronomische Beobachtungen zeigen, dass es sich in ständig zunehmender Geschwindigkeit ausdehnt. Wenn diese Ausdehnung schnell genug stattfindet, wird es Sterne geben, die ewig hinter unserem

Horizont bleiben werden, deren Licht uns nie erreichen kann. Mehr noch, Sterne, die wir heute noch sehen, werden durch die Ausdehnung hinter unseren Horizont gedrängt – sie werden für uns erlöschen und verschwunden sein. Irgendwo im fernen Weltraum gibt es einen Horizont, hinter den wir nie dringen können, weder heute noch irgendwann später.

In alten Märchen gibt es ein Schloss mit vielen Zimmern; eines davon aber darf man nie betreten, sonst wird man ein schreckliches Ende nehmen. Es scheint, dass auch in unserem Universum solche Zimmer existieren,

verbotene Räume des Universums.

Wer sich je in ein schwarzes Loch begibt, wird es nie wieder verlassen und wird darin vernichtet. Schwarze Löcher sind sehr schwere, aber sehr kleine «tote» Sterne. Ein Stern beginnt sein Leben als Gaswolke, die durch die Schwerkraft mehr und mehr zusammengepresst wird. Wenn das Gebilde kompakt genug geworden ist, lässt die Fusion von Wasserstoff zu Helium es leuchten, und der Hitzedruck des Prozesses verhindert, dass es weiter schrumpft. Aber wenn der Brennstoff verbraucht ist, presst die Schwerkraft die «Asche» in eine immer kleinere Kugel von immer höherer Dichte. Zum Schluss haben wir einen Himmelskörper, dessen Schwerkraft so immens ist, dass alles um ihn herum in seinen Bann gerät, selbst Licht. Kein Lichtstrahl kann aus seinem Inneren an die Außenwelt gelangen, und so können wir nie in sein Inneres sehen. Für alles in seinem Inneren sind wir draußen hinter einem unüberwindbaren Horizont. Und wer oder was von draußen dem schwarzen Loch zu nahe kommt, wird durch dessen Schwerkraft verschluckt und verschwindet auf Nimmerwiedersehen.

Es gibt demnach in den Weiten des Kosmos für uns unerreichbare, auf immer unsichtbare Gebiete. Aber auch am anderen Ende der Skala, im Mikrokosmos, im Bereich des ganz Kleinen, gibt es solche Erscheinungen. Nicht nur, dass wir nicht beliebig weit sehen können;

wir können die Welt im Kleinen auch nicht beliebig fein auflösen. So wie es eine Grenze für die Möglichkeiten des Teleskops gibt, so gibt es auch eine für das Mikroskop.

Bereits im Altertum haben Philosophen versucht, die Komplexität unserer Welt zu verstehen als das Zusammenwirken vieler einfacher Grundbausteine, die durch fundamentale Kräfte verkoppelt sind. Die Komplexität wäre dann ein Zufallsprodukt eines viel einfacheren Würfelspiels, aus dem sie durch bestimmte Entwicklungsschemen hervorgeht. Dieser «Reduktionismus», das Zurückführen auf einfachere Grundbausteine, hat sich als unwahrscheinlich erfolgreich erwiesen für das Verständnis der Struktur der Materie. Je nach der Packungsdichte und der Anordnung der Bausteine erhalten wir feste, flüssige oder gasförmige Zustände. Die Bausteine selbst sind Moleküle, verkoppelt in abnehmender Regelmäßigkeit von Kristallen zu Gasen. Die Moleküle bestehen aus Atomen und diese wiederum aus positiv geladenen Kernen, umgeben von negativ geladenen Elektronen. Elektromagnetische Kräfte binden die Bestandteile zu elektrisch neutralen Einheiten.

Wenn wir ein solches System genügend erhitzen oder einem sehr starken elektrischen Feld aussetzen, etwa einem Blitz, dann werden die Atome in ihre geladenen Bestandteile aufgebrochen, und es entsteht ein vierter Zustand der Materie, ein Plasma. Unsere Liste von Zustandsformen der Materie – Festkörper, Flüssigkeit, Gas und Plasma – deckt sich also mit der bereits im Altertum aufgestellten, als sie aus Erde, Wasser, Luft und Feuer bestand. Und schon die damaligen Philosophen, in der griechischen wie auch in der hinduistisch-buddhistischen Welt, fanden es notwendig, eine fünfte Form, eine *Quintessenz*, hinzuzufügen, als Raum für die anderen, als die Bühne, auf der die anderen ihre Rollen spielen: das Vakuum, der «leere Raum».

Die Kerne der Atome bestehen ihrerseits aus Nukleonen: positiv geladenen Protonen und ungeladenen Neutronen. Durch die Bindung von verschieden vielen Nukleonen – das ist natürlich elektromagnetisch nicht möglich, da ja nur positive Ladungen vorliegen; hierfür kommen die viel stärkeren Kernkräfte ins Spiel – entstehen die Kerne der verschiedenen Elemente, von Wasserstoff (ein Proton) bis zu Uran (92 Protonen und 146 Neutronen) und noch darüber hinaus zu den künstlich erzeugten Transuran-Elementen. Alle diese Grundbausteine der Materie gibt es wirklich. Elektronen, Protonen und Neutronen existieren einzeln im Vakuum, man kann sie isoliert betrachten, sie haben eine Masse und eine räumliche Ausdehnung. Sie sind eigentlich

die kleinsten Bausteine der Materie.

Aber die Untersuchung der Kräfte zwischen Nukleonen hat gezeigt, dass wir wohl doch noch nicht am Ende angelangt sind. Für das Verständnis der dabei auftretenden Wechselwirkung und der verschiedenen Anregungszustände von Nukleonen ist eine weitere Infrastruktur erforderlich: Ein Nukleon besteht aus drei gekoppelten Quarks – so stark aneinandergekoppelt, dass eine unendlich hohe Energie erforderlich wäre, das Nukleon in Quarks zu spalten. Ein einzelnes Quark kann somit nicht existieren. Der römische Philosoph Lukrez war schon vor über zweitausend Jahren zu dem Schluss gekommen, dass die kleinsten Bestandteile der Materie nicht einzeln existieren könnten, sondern nur als untrennbarer Teil einer größeren Einheit. Die Quarks, für uns heute die fundamentalen Konstituenten der Materie, haben genau das als ihre wesentliche Eigenschaft: Sie sind auf ewig mit anderen Quarks verkoppelt, mit denen sie dann Nukleonen als größere Einheiten bilden. Die Welt, in der die Quarks existieren, unterscheidet sich wesentlich von unserer: Es ist eine Welt ohne Vakuum, ohne leeren Raum, und sie können dieser Welt nie entkommen, wie auch niemand aus dem Inneren eines schwarzen Lochs entkommen kann.

Da sich das Universum seit dem Urknall ständig ausgedehnt hat, war die Welt der Quarks nicht immer nur ein Aspekt des Mikrokosmos. Wenn wir den Film der Expansion der Welt zurückspulen, dann werden Galaxien ineinandergepresst, Sterne werden zu Wolken von dichtem, heißem Gas, und es gibt immer weniger leeren Raum. Wenn wir uns zeitlich dem Urknall nähern, übersteigt die Energiedichte des

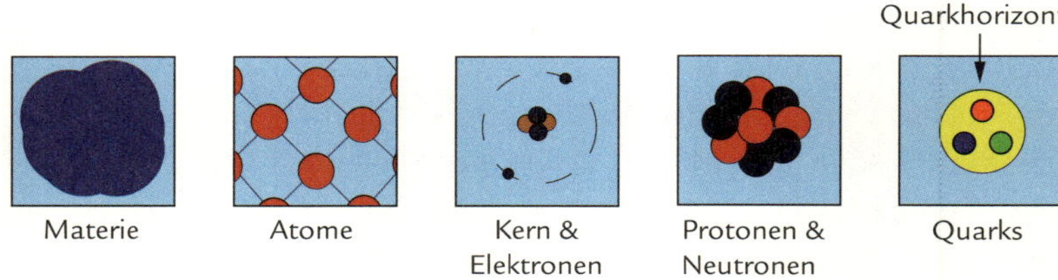

Die Reduktionskette mit den Quarks als den letzten Bestandteilen der Materie

Universums die eines einzigen Nukleons, und es gibt kein Vakuum mehr. In anderen Worten, in seiner allerfrühesten Zeit bestand die Welt aus einer Urmaterie dicht zusammengepferchter Quarks. Das ganze Universum war damals hinter dem Horizont, den heute nur noch die Quarks sehen.

Wo immer der Mensch hingeschaut hat, auf Erden oder im All, im Großen oder im Kleinen, immer tauchten Horizonte auf, Grenzen, und dahinter weitere und wieder weitere. Wir haben immer nach letzten Grenzen gesucht, und diese jahrtausendealte Suche hat sicher ihren Teil dazu beigetragen, die Menschheit so zu formen, wie sie heute ist. Gehen wir ein wenig zurück und erinnern uns, wie die Suche angefangen hat.

Der Rand der Erde

war in alten Zeiten die schlimmste aller Gefahren, die Seefahrern drohte. Und es gab viele Gefahren, unzählige Seefahrer kamen nie zurück, unzählige Mütter und Frauen weinten um Söhne, Brüder und Männer.

Denn im weiten Meer das Salz,
das sind die Tränen Portugals,

meinte dazu der große portugiesische Dichter Fernando Pessoa. Felsen, Stürme, Riesenwellen, Seeschlangen, Kraken und andere See-

ungeheuer – schlimmer aber als all diese Schrecken war der Gedanke, am Rande der Erde, der Erdscheibe, einfach hinunterzufallen und zu verschwinden im Nichts, ohne Grab, ohne Kreuz, ohne die Segnungen der Kirche. Irgendwo musste die Welt ja aufhören, und so weit sollte man lieber nicht segeln.

Um 1400 n. Chr. hatte dieses Ende der Welt eine Namen: Kap Bojador, das Kap der Angst und der Schrecken, das Kap ohne Wiederkehr. Aus unserer heutigen Sicht ist es nur die westliche Spitze Afrikas, aber damals sah die Welt anders aus. Der portugiesische Prinz Henrique, «Heinrich der Seefahrer» für die Nachwelt, wurde 1419 Gouverneur der Algarve und widmete sein Leben der Erkundung dessen, was «dahinter» sein könnte. Er ließ alle Berichte sammeln, die es über die zu erkundenden Regionen gab, um eine «theoretische» Basis für das weitere Vorgehen zu erlangen. Gleichzeitig hatte er einen neuen Schiffstyp entwickeln lassen, die Karavelle, die navigationstechnisch allen bisherigen weit überlegen war und die die technische Basis für die weiteren portugiesischen Erkundungsfahrten bilden sollte. Im Jahre 1423 gab er den Befehl, nach Süden zu segeln und zu sehen, wie die Wirklichkeit aussah.

Fünfzehnmal brachen Schiffe auf, um zu erkunden, was – wenn irgendetwas – jenseits von Bojador zu finden war. Entweder kehrten sie zurück, ohne etwas über die Welt dahinter berichten zu können («Der Schrecken hat uns umkehren lassen»), oder sie blieben verschollen. Erst 1434 endlich gelang es Gil Eanes: Er umfuhr das Ende der Welt und bewies damit, dass es eben das nicht war – das Ende der Welt. Danach verliefen die Ereignisse so, wie wir sie kennen: Bartolomeu Dias erreicht 1488 das Kap der Guten Hoffnung, Vasco da Gama umrundet es und erreicht 1498 Indien. Kurz zuvor, 1492, trifft Christoph Kolumbus im Auftrag der spanischen Krone in «Westindien» ein, auf der anderen Seite unserer Erde. Als dann nicht viel später Ferdinand Magellan von Europa aus um Kap Hoorn die «Welt» umsegelt und wieder in Europa ankommt, ist es allen klar: Die Erde ist eine Kugel und hat keinen Rand. Hier gibt es keine mystische Grenze, hinter der unbekannte Mächte walten.

Dass die Erde eine endliche Scheibe sei, war eigentlich nur ein Märchen aus alten Zeiten. Bereits Aristoteles hatte im vierten Jahrhundert v. Chr. argumentiert, dass die Erde eine Kugel sein müsse, da bei von der Küste fortsegelnden Schiffen zunächst der Schiffsrumpf und erst dann die Segel verschwanden. Dazu kam, dass der Erdschatten bei einer Mondfinsternis stets rund war. Diese Erkenntnisse blieben im Weiteren durchaus erhalten, trotz einiger zwischenzeitlicher Einwände. Die flache Erde, von der man abstürzen konnte, war in gebildeten Kreisen kaum glaubhaft. Der wohl einflussreichste Kirchenlehrer des Mittelalters, Thomas von Aquin, fasste die Lage fast zweihundert Jahre vor Heinrich dem Seefahrer so zusammen:

Astrologus demonstrat terram esse rotundam per eclipsim solis et lunae.
Der Sternenkundige beweist durch Sonnen- und Mondfinsternis, dass die Erde rund ist.

Die Bestimmung des Erdumfangs nach Eratosthenes

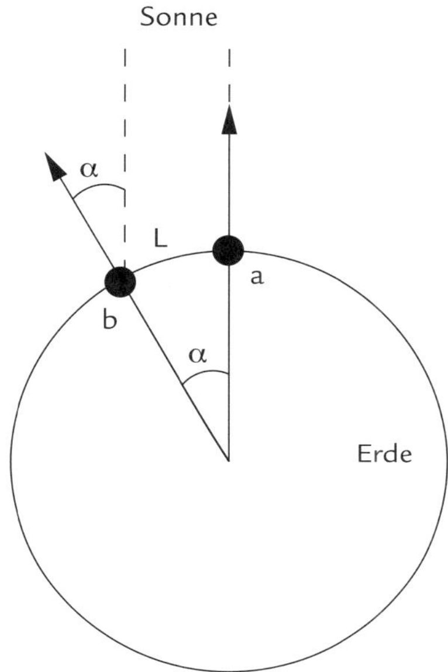

Selbst die Größe der Erdkugel war seit langem recht gut bekannt. Schon mehr als zweihundert Jahre v. Chr. hatte sie der griechische Astronom Eratosthenes bestimmt, durch Sonnenmessungen in Ägypten. Er verglich den Mittagsstand der Sonne in der Stadt Syene, dem heutigen Assuan, mit dem in Alexandria; beide Städte liegen auf dem gleichen Längengrad, sodass kein Zeitunterschied bestand. Es zeigte sich, dass, wenn die Sonne in Syene (Punkt a) genau im Zenit stand, sie in Alexandria (Punkt b) um den Winkel $\alpha = 1/50$ eines vollen Kreises vom Zenit entfernt war. Wie man sieht, ist α auch der Winkel zwischen Linien vom Erdmittelpunkt nach Syene und Alexandria. Daher muss fünfzigmal die Entfernung L zwischen den beiden Städten gerade den Erdumfang ergeben.

Diese Entfernung war durch königliche Schrittmesser bestimmt worden – das waren Beamte des Hofes, die große Strecken in möglichst gleicher Schrittlänge marschieren konnten. Sie waren auf 5000 Stadien gekommen, etwa 750 Kilometer. Somit ergab sich für den Erdumfang $50 \times 750 = 37\,500$ Kilometer. Die heutigen Messungen führen auf etwa 40 000 Kilometer für den Polarumfang und bestätigen mithin bestens sowohl die Logik des Eratosthenes als auch die Präzision der königlich ägyptischen Schrittmesser.

Die Vorstellung der Erde als Kugel war also bekannt, aber eben doch nur Theorie. Die Brüder Ugolino und Guido de Vivaldo aus Genua verließen 1291 mit zwei gut bewaffneten Galeeren und dreihundert Mann ihren Hafen, um über den Atlantik Indien zu erreichen. Die Idee des Seewegs war demnach durchaus nicht neu. Die Genueser segelten gen Süden, entlang der marokkanischen Küste; ihr letztes Lebenszeichen kam von einem Ort etwa hundert Kilometer nördlich von Kap Bojador. Danach wurde nie wieder von ihnen gehört.

Theorie und Wirklichkeit sind zweierlei; Gil Eanes, Vasco da Gama, Kolumbus, Magellan und all die anderen haben gezeigt, wo sie sich treffen. Unsere irdische Welt war endlich, war eine Kugel. Das war nun keine Theorie mehr, sondern Wirklichkeit.

Das Dach des Himmels

war dann die nächste Herausforderung: Gibt es dort oben eine Grenze?

Und diese umgestülpte Schüssel, die man Himmel nennt,
sie hält uns hier gefangen bis ans Lebensend',

schrieb der persische Mathematiker, Astronom und Dichter Omar Khayyam etwa 1100 Jahre n. Chr. Ist der Himmel tatsächlich eine Art von Dach über der Erde, und wenn ja, was ist über dem Dach? Die Vorstellung eines Firmaments, an dem die Sonne und die Sterne befestigt sind, stieß schon von Anfang an auf beträchtliche Probleme, weil «da oben» alles in Bewegung war. Nicht nur Sonne und Mond, auch alle Planeten mussten sich auf festen Bahnen am Firmament bewegen. Im geozentrischen Weltbild ist die Erde als Kugel im Mittelpunkt umgeben von vielen kreisenden konzentrischen Sphären, an denen alle Himmelskörper befestigt sind. Diese Sphären drehen sich in verschiedene Richtungen und mit verschiedenen Geschwindigkei-

ten. Hinter der letzten und somit größten dieser Sphären wohnt Gott und hält alles in Bewegung.

Das ist in der Tat eine Aufgabe für einen Gott. Es ist noch recht einfach, sich die Sonne auf einer solchen Kugelschale vorzustellen und den Mond auf einer anderen, um ihre jeweiligen Positionen relativ zur Erde zu bestimmen. Aber schon Präzisionsdaten für diese Positionen führten auf beachtliche Probleme, und die zusätzlichen Planetenbewegungen machten das Ganze unendlich kompliziert. Von der Erde aus gesehen, beschrieben die Planeten Kreise am Himmel … Nichtsdestotrotz, die Astronomen des Altertums haben das geschafft! Claudius Ptolemäus, ein römischer Bürger griechischer Abstammung, wohnhaft in Ägypten, entwickelte im ersten Jahrhundert n. Chr. das über tausend Jahre lang akzeptierte Bild – akzeptiert, weil es die Himmelsbewegungen richtig vorhersagen konnte. In seinem Schema kreisen die Planeten um die Erde, aber um die beobachteten Bewegungen zu erfassen, mussten sie kleinere Kreise, Epizyklen, um größere Kreisbahnen beschreiben. Die ganze Welt ist noch umgeben von einem sich drehenden Firmament, an dem die Fixsterne befestigt sind.

Trotzdem wurde alles mit der Zeit immer komplizierter und willkürlicher. Die Epizyklen des Ptolemäus mussten für jeden Planeten individuell festgelegt werden, das Zentrum des großen Kreises war nicht mehr die Erde, und anderes mehr. Der Durchbruch kam dann mit Nikolaus Kopernikus, der statt der Erde die Sonne in den Mittelpunkt der beobachteten Planetenwelt setzte. Er entwickelte ein mathematisches Modell, in dem die verschiedenen Planeten die Sonne auf verschieden großen Bahnen umkreisen und sich zusätzlich um ihre eigenen Achsen drehen. Es war immer noch eine Welt von Sphären, mit einer letzten für die Fixsterne.

Hundert Jahre später hatte Johannes Kepler detaillierte astronomische Messungen von Galileo Galilei und von Tycho Brahe vorliegen; diese Messungen waren möglich geworden durch die zwischenzeitliche Entwicklung in der Fernrohr-Konstruktion. Sie bildeten eine solide empirische Basis für eine präzise mathematische Beschreibung. Aus den Kreisbahnen der Planeten wurden Ellipsen; die neuen Kepler'schen Gesetze über die Planetenbewegungen stimmten nun wirklich genau mit den Beobachtungen überein. Diese Gesetze erklärten allerdings nicht, *warum* sich die Planeten so bewegen. Kepler vermutete, dass es irgendeine Kraft der Sonne geben müsse, die über die riesigen Entfernungen die nach außen gerichtete Zentrifugalkraft der kreisenden Planeten kompensierte und sie so in ihren Bahnen hielt. Zu seiner Zeit waren das Vermutungen; eine physikalische Theorie wurde daraus achtzig Jahre später durch das Werk von Isaac Newton, der nicht nur *beschreiben*, sondern auch *erklären* wollte.

Die erforderliche Abstraktion lag in der Erkenntnis, dass die gleichen Kräfte, die auf der Erde wirken, auch die Bewegungen im Himmel bestimmen. Auf Erden waren «fallende Körper» etwas Alltägliches, der Regen fiel aus den Wolken, Äpfel fielen von Bäumen, Pfeile und Kanonenkugeln stiegen auf und fielen dann wieder erdwärts. Galilei hatte dabei bereits ein universelles Verhalten entdeckt: Die Strecke, die ein Körper fällt, wächst mit dem Quadrat der Fallzeit und ist die gleiche, unabhängig von der Masse des Körpers. Natürlich fällt eine Feder langsamer als ein Stein, aber nur weil sie in der Luft schwebt. Ein Stein vom Gewicht der Feder fällt genauso schnell wie ein viel schwererer Stein.

Galileis Beobachtungen führten rasch zu dem, was wir heute *klassische Mechanik* nennen, zu dem Beginn der Physik, so wie wir sie jetzt verstehen. In seinen berühmten *Philosophiae Naturalis Principia Mathematica* formulierte Isaac Newton zum ersten Mal ein einheitliches Bild der zwischen Massen wirkenden Kräfte und den daraus resultierenden Bewegungen. Im Altertum betrachtete man als natürlichen Zustand eines jeden Körpers den der Ruhe; jede Bewegung benötigte eine Kraft, um diese Bewegung zu erzeugen. Newton bemerkte, dass «in Ruhe» für jemanden in einem auf einem Fluss dahintreibenden Boot etwas anderes ist als für einen Betrachter am Flussufer. Das führte auf das erste *Relativitätsprinzip:* Alle Zustände in gleichförmiger Bewegung zueinander sind gleichwertig, keiner ist «natürlicher» als der andere. Um einen Bewegungszustand zu ändern, war eine *Kraft* notwendig. Damit war der Begriff der Kraft eingeführt, als Ursprung nicht von Bewegung, sondern von jeder Bewegungsänderung, für Beschleunigung oder Bremsen.

Ein unmittelbares Ergebnis dieser Überlegungen war die Theorie der Schwerkraft, der Kräfte zwischen Körpern im Himmel und auf Erden. Die Schwerkraft war die erste *universelle* Kraft, die dem Menschen begegnete. Es gab viele Kräfte, von Wind und Wasser, von Pferden, die einen Pflug zogen, oder von Bogensehnen, die Pfeile schleuderten. Aber diese Kräfte waren alle abhängig von Zeit und Raum, während die Schwerkraft immer und überall auftrat. Ein Stein fällt zur Erde, egal wann, wo und von wem er fallen gelassen wird. Irgendeine geheimnisvolle Kraft muss ihn zur Erde ziehen. Es war Newtons große Erkenntnis, dass diese Kraft die gleiche ist, die auch Planetenbahnen bestimmt. Er schloss, dass ein massiver Körper jede andere Masse mit einer Kraft anzieht, die proportional ist zum Produkt ihrer beiden Massen und umgekehrt proportional zu ihrem Abstand. Es ist diese Schwerkraft, die die Erde und die anderen Planeten in ihren Bahnen um die Sonne hält, und es ist die gleiche Kraft, die den Mond an die Erde bindet. Wir wissen heute, dass es auch diese Kraft ist, die Galaxien zusammenhält und die gesamte Struktur des Universums erzeugt. Nichtsdestotrotz bleibt sie die Kraft, die fallende Äpfel, den Vogelflug und die Bahn einer Kanonenkugel bestimmt. Die Schwerkraft ist die universellste Kraft, die wir kennen – bestimmend von unserer menschlichen Welt bis in die fernsten Weiten des Universums.

Damit hatten die Astronomen nun eine zufriedenstellende Erklärung für die Struktur und die Bewegungen unserer himmlischen Umgebung, des Sonnensystems, bestehend aus Erde, Mond, Sonne, den anderen Planeten und ihren Monden. Die Kraft, die alles im Himmel zusammenhält, ist die gleiche Schwerkraft, die allem auf Erden Masse und Gewicht gibt, die Äpfel von Bäumen fallen lässt und die verhindert, dass Steine nach oben springen. Hinter dieser verständlichen Welt war immer noch die letzte Sphäre, an der die Fixsterne «klebten». Und dahinter – was war da? In der griechischen Philosophie nichts, ein unendliches und ewiges Nichts. Aber schon zur Zeit von Kopernikus gab es Zweifel an der Existenz dieser letzten Sphäre. Jenseits des Sonnensystems könnte es ja eine von Fixsternen bevölkerte Unendlichkeit geben. So etwas hatte sich der englische Astronom Thomas Digges bereits 1576 vorgestellt. Aber solche Gedanken waren in den Augen der Kirche immer an der Grenze zur Ketzerei. Der italienische Philosoph Giordano Bruno glaubte nicht nur an ein unendliches Universum, sondern sogar, dass dies voll sei von einer Unendlichkeit von Welten wie der unseren. Das ging zu weit, stand zu sehr im Widerspruch zum Dogma von der Einmaligkeit unserer Welt, geschaffen von unserem eigenen Gott, so wie es die Bibel berichtet. Und so wurde denn Giordano Bruno am 17. Februar des Jahres 1600 in Rom auf dem Scheiterhaufen verbrannt.

Wäre die Folge der Sterne endlos, müsste der Hintergrund des Himmels von einheitlicher Helligkeit sein – denn es gäbe nirgendwo einen Punkt in dem gesamten Hintergrund, an dem sich nicht ein Stern befinden würde.

Edgar Allan Poe, *Eureka*

2. Die entschwindenden Sterne

Trotz Giordano Brunos traurigem Schicksal blieb die Frage nach den Grenzen des Universums ein zentrales Thema der Naturphilosophie. Gibt es wirklich eine letzte äußere himmlische Sphäre? Und wenn das so ist, was liegt dahinter in dem verbotenen Raum? Die Annahme eines letzten, endgültigen Firmaments, an dem die Fixsterne befestigt sind, erledigte im Übrigen eine zunächst etwas kurios anmutende Frage: Warum ist der Himmel nachts dunkel?

Ohne ein festes Firmament, im Falle einer einfach immer weiter, bis ins Unendliche fortgesetzten Sternenwelt, homogen und von gleicher Dichte, wäre an jedem Punkt des Himmels ein Stern, einige näher, andere ferner, noch andere noch ferner. Kopernikus bestand auf einem festen Firmament mit einer endlichen Anzahl von Sternen und umging damit das Problem. Kepler hatte die Schwierigkeit auch erkannt und deshalb ein unendliches Universum ausgeschlossen. Trotzdem tauchte die Frage immer wieder auf. Heute ist sie bekannt als Olber'sches Paradoxon, benannt nach dem deutschen Astronomen Heinrich Olbers, der das Problem im Jahre 1823 am klarsten formulierte. Anhand dieses Problems sieht man besonders deutlich, wie eine richtig gestellte Frage zu einem völlig unerwarteten Fortschritt im Verständnis führen kann. Bevor wir zur Antwort kommen, müssen wir allerdings noch einmal zu einem Grundproblem der Physik zurückkehren: Was ist Licht, und insbesondere, was ist

die Lichtgeschwindigkeit?

Wie können wir Licht und die Lichtgeschwindigkeit verstehen? Ist Licht unmittelbar, augenblicklich? Oder braucht es Zeit, wie andere Bewegungen? Können wir durch Experimente feststellen, was der Fall ist?

Diese Frage bestand schon sehr lange, als Galilei sie in seinem Renaissancewerk über *Zwei neue Wissenschaften* von seinem Alter Ego Salviati stellen ließ. Bereits 300 Jahre v. Chr. hatte Aristoteles beklagt, dass «Empedokles sagt, dass das Licht der Sonne zunächst den Zwischenraum durchquert, bevor es unsere Augen und die Erde erreicht».

Aristoteles war sich sicher, dass dies völlig falsch war, dass Licht keine Bewegung ist, und seine Meinung bestimmte das westliche Denken fast zweitausend Jahre lang. Die Lichtgeschwindigkeit ist unendlich – selbst große Wissenschaftler und Philosophen wie Kepler und Descartes waren davon fest überzeugt. «Es ist so sicher, dass – sollte es sich je als falsch erweisen – ich bekennen müsste, nichts von Philosophie zu verstehen», sagte Descartes.

Galilei brachte nicht nur die Frage wieder auf, er schlug auch die Lösungsmethode vor: Experiment. Er hat es sogar selbst versucht; ein weit entfernter Helfer musste eine Lampe auf- und zudecken, und Galilei versuchte zu messen, wie lange es für ihn brauchte, das zu erkennen. Er bemerkte dabei zwar, dass sich Licht schneller als Schall ausbreitet, aber um die Geschwindigkeit zu bestimmen, waren größere Abstände erforderlich, und diese waren nur in astronomischen Bereichen möglich. Genau genommen enthielt die Frage zwei Aspekte: Ist die Lichtgeschwindigkeit endlich, und wenn ja, was ist ihr Wert?

Die Antwort auf den ersten Aspekt kam einige Jahrzehnte später von Ole Rømer, einem wahrlich vielseitig begabten Mann aus Aarhus in

Dänemark. Er hätte eigentlich Ole Pedersen heißen müssen, aber bei so vielen Pedersens dort nannte sich sein Vater Rømer, nach seiner Heimatinsel Rømø. Ole Rømer hatte in Kopenhagen Mathematik, Physik und Astronomie studiert und einige Jahre später dort auch die Tochter seines Professors geheiratet. In der Zwischenzeit hatte er für den französischen König Louis XIV. gearbeitet und am Entwurf der Springbrunnen von Versailles mitgewirkt; zudem begann dort auch seine Laufbahn als Astronom, wie wir gleich sehen werden. Nach seinem Frankreichaufenthalt kehrte Rømer als «königlicher Hofmathematiker» nach Kopenhagen zurück, wo er das erste dänische System von Maßen und Gewichten einführte sowie den Gregorianischen Kalender. Zudem wurde er noch Direktor der Kopenhagener Polizei, und in dieser Eigenschaft ließ er dort die erste Straßenbeleuchtung errichten.

In Paris hatte Rømer als Assistent des Astronomen Giovanni Domenico Cassini gearbeitet, der eine überraschende Entdeckung gemacht hatte. Der Planet Jupiter, der größte aller Planeten und Fünfter im Abstand von der Sonne, hatte einen Mond namens Io, benannt nach einer Nymphe, die der römische Gott Jupiter einst verführt hatte, als er noch der griechische Zeus war. Dieser Mond umrundete Jupiter alle 42 Stunden, im Gegensatz zu den 28 Tagen, die unser Mond für seine Erdumrundung braucht. Das führte zu einer Vielzahl von Io-Eklipsen bei jedem Stand der Erde in ihrer Bahn um die Sonne; die Geometrie ist auf Seite 34 dargestellt. Man konnte einen Fahrplan aufstellen, der die Zeiten für Ios Verschwinden hinter Jupiter angab wie auch die Zeit zwischen zwei Eklipsen.

Cassinis überraschende Feststellung war, dass sich der Anfang einer Eklipse mehr und mehr verspätete, je weiter Erde und Jupiter auseinander waren. Cassini war sich nicht sicher, aber er dachte, dass das Licht möglicherweise einige Zeit braucht, um uns zu erreichen; später hat er diesen Gedanken aber wohl wieder fallen gelassen. Rømer nahm ihn auf, kombinierte eine Anzahl verschiedener Messungen, extrapolierte die Ergebnisse und fand, dass die Zeitverschiebung zwischen dem Punkt der größten Entfernung von Erde und Jupiter (a) und dem der kleinsten Entfernung (b) etwa 22 Minuten betrug. Daraus schloss er, dass die Lichtgeschwindig-

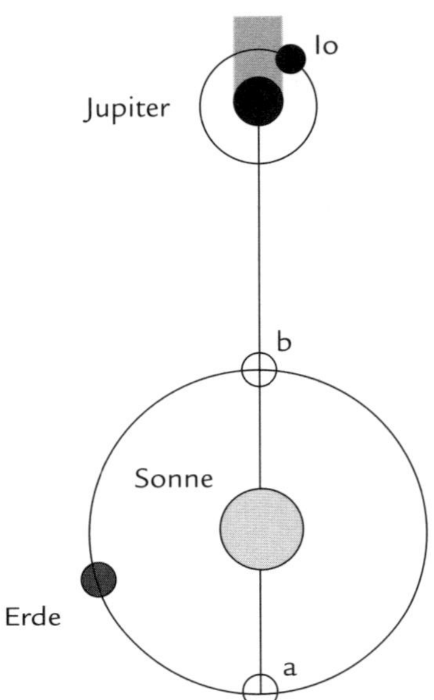

Die von Ole Rømer benutzte Konstellation zur Bestimmung der Lichtgeschwindigkeit

keit endlich ist und die 22 Minuten gerade die Zeit sind, die das Licht braucht, um den Durchmesser der Erdbahn um die Sonne zu durchqueren.

Um auch den zweiten Teil der Ausgangsfrage zu lösen, also den tatsächlichen Wert der Lichtgeschwindigkeit zu bestimmen, musste die Größe der Erdbahn um die Sonne bekannt sein. Welche Entfernung legte das Licht in diesen 22 Minuten zurück? Diese Entfernung, geteilt durch 22 Minuten, würde dann die Lichtgeschwindigkeit ergeben. Die notwendige Information war anscheinend damals schon vorhanden, durch Messungen von Cassini, auf die wir gleich zurückkommen. Trotzdem wurde der erste numerische Wert erst 1678 angegeben, zwei Jahre nach Ole Rømers Ergebnissen, durch den holländischen Physiker Christiaan Huygens.

Kepler hatte in seinem dritten Gesetz über die Planetenbewegungen geschlossen, dass die Umlaufzeit eines Planeten um die Sonne durch die Entfernung des Planeten von der Sonne bestimmt ist. Daraus konnte man die relativen Sonnenabstände der Planeten bestimmen, und man fand, dass die Entfernung des Mars von der Sonne das Anderthalbfache des Erde-Sonne-Abstands betrug. Um dies in eine tatsächliche Länge umzusetzen, benötigte man irgendeine astronomische Entfernung in irdischen Maßen. Diese «Eichung» hatten Cassini und sein Mitarbeiter Jean Richer durchgeführt. Unabhängig voneinander bestimmten sie zur gleichen Zeit die Position des Mars vor dem Fixsternhintergrund, Cassini in Paris und Richer in Guayana. Damit hatten sie einen Winkel und eine irdische Distanz, die 4000 Kilometer zwischen Paris und Guayana. Das bestimmte die Entfernung zwischen Mars- und Erdbahn, etwa 73 Millionen Kilometer, und mithin auch zwischen Erde und Sonne, nämlich 146 Millionen Kilometer. Huygens teilte das Doppelte dieser Entfernung, den Durchmesser der Erdbahn, durch Rømers 22 Minuten und erhielt als Lichtgeschwindigkeit 220 000 Kilometer pro Sekunde. Dieses Ergebnis, vor mehr als dreihundert Jahren erzielt durch eine Kombination von Logik, Abstraktion und einfachsten Messungen, ist gewiss eine der größten Leistungen der Naturerforschung. Der Wert liegt nur 25 % unter dem heutigen Präzisionsergebnis, 299 792,458 km/s, gemessen mit Radiosignalen zwischen Weltraumsatelliten.

Das Licht der Sonne muss demnach tatsächlich den Zwischenraum durchqueren, bevor es die Erde erreicht, wie sich Empedokles das vor zweitausend Jahren vorgestellt hat. Aber was genau ist dieses Licht, das da durch den leeren Raum fliegt? Was bewegt sich mit 300 000 Kilometern pro Sekunde?

Auch diese Frage führt wieder auf ein ganz wesentliches Phänomen der unbelebten (und teilweise auch der belebten) Welt – den Elektromagnetismus. Zunächst traten Elektrizität und Magnetismus als zwei völlig verschiedene Naturereignisse auf. Blitze, lange Zeit als Ausdruck des Zorns der Götter verstanden, waren der spektakulärste Auftritt von Elektrizität innerhalb der sichtbaren Welt. Die alten Ägypter kannten aber schon eine sehr viel prosaischere Form, elektrische Fische, die ihre Beute mit einem Stromschlag betäubten. Im antiken Griechenland hatte man bemerkt, dass, wenn man Bernstein mit einem Katzenfell rieb, dieser Federn und andere leichte Dinge anzog.

Das gab der Sache den Namen, mit *elektron* als dem altgriechischen Wort für Bernstein. Aber mehr als eintausendfünfhundert Jahre mussten vergehen, bevor der Zusammenhang zwischen diesen Erscheinungen klar wurde, und erst in den letzten hundert Jahren hat die Elektrizität das menschliche Leben grundsätzlich verändert.

Magnetismus erschien zunächst einfacherer Natur zu sein. Schon vor Tausenden von Jahren hatte man in China entdeckt, dass eine gewisse Art von «Stein» Eisen anzog. Hängte man einen solchen Stein an einem Band auf, zeigte er in eine Nord-Süd-Richtung. So konstruierte man im alten China die ersten Kompasse für die Navigation auf See. Im antiken Griechenland beschrieb Thales von Milet den Effekt, und da die fraglichen «Steine» dort aus einer Provinz namens Magnesia kamen, nannte er sie magnetisch.

Teil der Naturwissenschaft wurden Elektrizität und Magnetismus erst vor weniger als dreihundert Jahren. Man entdeckte zwei Arten von Elektrizität, willkürlich als *positiv/negativ* bezeichnet. Beide konnten z. B. durch Reiben erzeugt werden, und jede Art konnte für sich existieren. Wenn man zwei Bälle mit verschiedenen «Ladungen» präparierte, zogen sich ungleiche an, während gleiche sich abstießen – in beiden Fällen mit einer geheimnisvollen Kraft, die über die Trennungsentfernung hinweg wirkte. In Frankreich zeigte 1785 Charles Augustin de Coulomb, dass diese Kraft eine ganz ähnliche Form hat wie die von Newtons Schwerkraft. In beiden Fällen fällt sie ab mit dem Quadrat des Abstands. Im Fall der Elektrizität wird ihre Stärke bestimmt durch das Produkt der Ladungen, im Fall der Schwerkraft durch das der Massen. Allerdings gibt es bei der Elektrizität sowohl Anziehung als auch Abstoßung, während die Schwerkraft immer anziehend bleibt.

Positive und negative Ladungen können unabhängig voneinander existieren und auch unabhängig voneinander erzeugt werden. Magnete hingegen sind eher seltsam. Sie haben zwei entgegengesetzte Pole, einen «Nordpol» und einen «Südpol». Legt man zwei Magnete nebeneinander, ziehen sich Nord und Süd an, während sich Gleich und Gleich abstoßen. Aber es gibt keine Möglichkeit, *einen* Pol zu isolieren. Wenn man einen Magneten in zwei schneidet, bekommt man zwei neue, jeweils wieder mit Nord- und Südpol. Bis heute überlegen sich Physiker – noch immer ohne Erfolg –, ob es nicht doch irgendeine Methode gibt, einen *Monopol* zu erzeugen. Die Kraft zwischen zwei Magneten ist etwas schwächer als die zwischen zwei Ladungen; sie beruht auf der Kombination von Anziehung und Abstoßung, da ja immer beide Pole ins Spiel kommen. Aber trotzdem ist die Kraft auch hier wieder eine Form von unsichtbarer Fernwirkung.

Sowohl elektrische wie auch magnetische Kräfte zeigten wieder diese seltsame Fähigkeit, die bereits bei der Schwerkraft aufgefallen war: Sie können über Entfernungen wirken, ohne irgendwelche erkennbare Verbindung. Zu allen Zeiten hat man sich gewundert, wie so etwas möglich ist. Gibt es vielleicht doch ein unsichtbares Medium, das den ganzen Raum ausfüllt und auf diese Weise die fehlende Verbindung herstellt?

Der erste Ansatz zu einer Antwort kam von dem britischen Physiker Michael Faraday. Er schlug vor, dass jede Ladung von einem elektrischen Kraftfeld umgeben sei, mit sternförmigen Kraftlinien, die von dieser Ladung in allen Richtungen ausstrahlen. Dieses Feld würde dann auf die Anwesenheit anderer Ladungen entsprechend reagieren, sich also auf entgegengesetzte Ladungen hin und von gleichen weg ausrichten.

Zudem hatte Hans Christian Ørsted in Kopenhagen einen seltsamen Zusammenhang von Elektrizität und Magnetismus festgestellt. Gewisse Materialien – heute sprechen wir von elektrischen Leitern – erlaubten einen Stromfluss zwischen entgegengesetzten Ladungen: Man konnte also einen Stromkreis aufbauen. Ørsted hatte bemerkt, dass sich Magneten senkrecht zur Stromrichtung ausrichteten, so als ob der Strom magnetische Kraftlinien um seine Flussrichtung erzeugt hätte. Man konnte sich endlose magnetische Kraftlinien vorstellen, geschlossene, um die Stromrichtung gewickelte Kreise. Das würde auch erklären, warum das Zerschneiden eines Magneten zwei neue ergab und nicht zu einem isolierten Pol führte.

Im Laufe des neunzehnten Jahrhunderts zeigte sich dann, dass elektrische und magnetische Kräfte in der Tat eng miteinander verwandt sind. Elektrische Ströme erzeugen Magnetfelder, und bewegte

Magneten induzieren ihrerseits elektrische Ströme. Das deutete auf eine einheitliche Theorie des Elektromagnetismus hin, die der große schottische Physiker James Clerk Maxwell mit seinen berühmten Gleichungen, die Elektrizität und Magnetismus vereinigten, dann zustande brachte. Maxwell zeigte zudem auch, wie eine Fernwirkung von elektromagnetischen Ladungen möglich wurde. Ein veränderliches elektrisches Feld erzeugte ein magnetisches Feld; genauso induzierte ein veränderliches Magnetfeld ein elektrisches. Kombinationen beider, *elektromagnetische Felder*, erhielten mithin eine unabhängige Existenz, ohne die Notwendigkeit von Strömen oder Magneten. Fortlaufende Wellen bilden eine recht einfache Lösung der Maxwell'schen Gleichungen, ähnlich wie die Schwingung einer Saite oder eine Welle auf einem See. Die gesuchte Fernwirkung bestand mithin aus elektromagnetischen Signalen, die sich wie Wellen fortpflanzten. Sie durchqueren den Raum mit konstanter Geschwindigkeit, die man messen konnte – und man fand die bekannte Lichtgeschwindigkeit.

Die Grundfrage *«Was ist Licht?»* war somit beantwortet: Licht ist eine sich durch den Raum ausbreitende elektromagnetische Welle, und die verschiedenen Farben entsprechen den verschiedenen Wellenlängen. Über den sichtbaren Bereich hinaus kennen wir heute in beiden Richtungen elektromagnetische Strahlung: Radiowellen längerer Wellenlänge als die von Infrarotstrahlung und Röntgenstrahlen kürzerer Wellenlänge als ultraviolette Strahlung. Durch den Austausch solcher Wellen können auch entfernte elektrische Ladungen miteinander *fernwirken*.

Heute bestimmt Elektromagnetismus in seinen verschiedenen Formen unser gesamtes Leben in einem kaum noch überschaubaren Ausmaß. Man sollte sich daher gelegentlich daran erinnern, dass das Thema zu Zeiten von Faraday und Maxwell reine Grundlagenforschung war, Spinnerei einiger weniger Gelehrter, von der Öffentlichkeit kaum beachtet. Als der damalige britische Finanzminister William Gladstone Faraday fragte, welchen Nutzen die Elektrizität denn der Menschheit wohl bringen würde, meinte selbst der, dass er das nicht wisse, fügte jedoch hinzu: «Aber eines Tages werden Sie wohl eine Steuer darauf erheben.»

Doch die Vorstellungen von Faraday und Maxwell hatten einen Haken. Wenn sich ferne Ladungen miteinander durch solche Wellen verständigen – *was wird da angeregt, um solche Wellen zu erzeugen?* In unserer Alltagswelt können das Geigensaiten sein oder eine Wasseroberfläche oder die Dichte der Luft. Aber was vibriert im leeren Raum? So kam der Äther in die Welt der Physik, ein unsichtbares Medium, das den gesamten angeblich leeren Raum füllt. Das war sehr beruhigend für all jene, die einen vollkommen leeren Raum sowieso für unnatürlich hielten – wie etwa schon der französische Philosoph Blaise Pascal, der gemeint hatte, «der Natur ist der leere Raum zuwider». Als es Evangelista Torricelli in Italien gelungen war, alle Luft aus einem Behälter zu entfernen, hatte Pascal nur gemeint, dass die Abwesenheit von Luft nicht gleichbedeutend sei mit leer. Robert Hooke hatte 1665 den Äther als das Medium für das Licht eingeführt; er hatte sich einen Lichtpuls wie einen ins Wasser geworfenen Stein vorgestellt, mit sich konzentrisch ausbreitenden Wellen. So wie eine Tsunamiwelle durch ein Seebeben tief unter dem Meeresspiegel entsteht und sich dann bis zu fernen Ufern ausbreitet, so erreicht eine elektromagnetische Zustandsänderung fernste Empfänger durch eine elektromagnetische Tsunamiwelle im Äthermeer.

Dieser Äther entpuppte sich als eine der meistbereisten Sackgassen der Physik. Von Hooke bis Einstein haben viele bekannte Physiker damit ihr Glück versucht, stets mit recht begrenztem Erfolg. Ist der Äther stationär, oder wird er von bewegten Sternen mitgezogen? Erzeugt die Erde auf ihrer Umlaufbahn einen Ätherwind? Besteht Materie vielleicht nur aus Ätherwirbeln? Die Existenz des Äthers ermöglichte Fernwirkung durch Wellen. Aber er krankte daran, eine Substanz sein zu sollen und doch die Bewegung der Himmelskörper nicht wesentlich zu beeinflussen. Das Ende des Äthers kam durch eines der berühmtesten Experimente der Physik; es wurde in den Jahren um 1880 von den amerikanischen Physikern Albert Michelson und Edward Morley ausgeführt, um die Existenz des unsichtbaren Mediums nachzuweisen.

Wenn das Licht sich überall durch den Äther mit konstanter Geschwindigkeit ausbreitet, müsste es in Richtung der Erdbewegung langsamer sein als senkrecht dazu. Je schneller sich die Erde dreht, desto langsamer würde ein der Bewegung folgender Lichtstrahl sein. Michelson und Morley konstruierten daher ein Interferometer, in dem ein Lichtstrahl zweigeteilt wird; danach müssen beide Teilstrahlen die gleiche Strecke zurücklegen, einer entlang der Erdbewegung, der andere senkrecht dazu. Durch eine geeignete Spiegelanordnung treffen sie dann zum Schluss an einem bestimmten Punkt wieder zusammen. Diese Anordnung ist im folgenden Bild schematisch dargestellt.

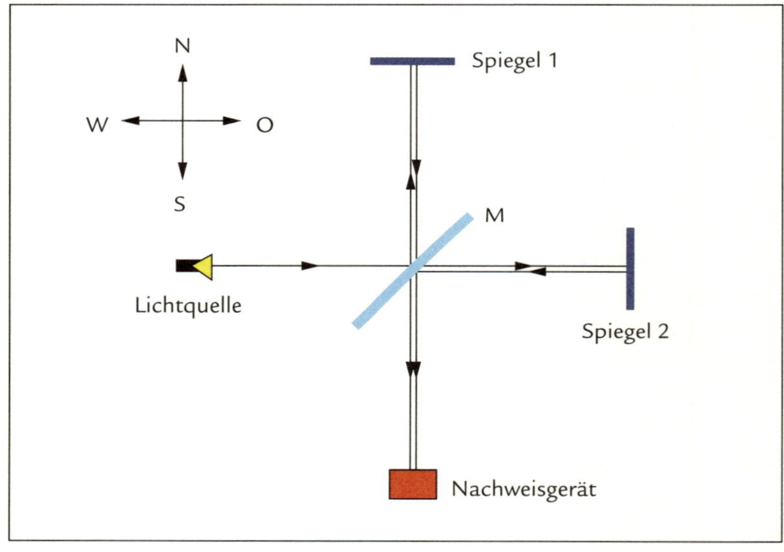

Ein Lichtstrahl wird auf einen teilweise durchlässigen Spiegel M gerichtet. Ein Teil wird zum Spiegel 1 reflektiert und geht von dort zum Nachweisgerät, der andere zum Spiegel 2 und dann zum Nachweisgerät. Die Richtung Spiegel 1 zum Nachweisgerät ist Süd-Nord gewählt, die von der Lichtquelle zum Spiegel 2 West-Ost. Spiegel 1 und 2 sind vom Mittelspiegel M gleich weit entfernt.

Die Erddrehung sollte somit den auf Spiegel 2 gerichteten Strahl verlangsamen, sodass die beiden Strahlen am Nachweisgerät mit ungleichen Phasen eintreffen müssten – das Wellental beim einen trifft auf den Wellenberg des anderen, und das muss ein nachweisbares Interferenzbild erzeugen.

Das Ergebnis war für die beiden Physiker außerordentlich enttäuschend: Sie fanden keinerlei Effekt, die Wellen kamen immer phasengleich an. Es war völlig egal, wie sie ihre Apparatur drehten, die Lichtgeschwindigkeit schien immer gleich zu bleiben. Es gab keinen Hinweis auf irgendeine Form von Äther. Nach einer Phase langwieriger Auswegsuche, an der viele Physiker beteiligt waren, hat Albert Einstein dann zwanzig Jahre später die Idee des Äthers aus der Physik verbannt – jedenfalls was Licht und Elektromagnetismus anbelangt; im Bereich der Schwerkraft und des expandierenden Universums spuken derartige Vorstellungen auch heute noch herum.

Aus Maxwells Gleichungen folgt, dass sich Licht mit konstanter Geschwindigkeit durch den Raum ausbreitet – mit einer universellen Lichtgeschwindigkeit. Diese Feststellung ist sehr viel weitreichender, als sie zunächst erscheint: Ein solches Verhalten befindet sich einfach nicht im Einklang mit unserer Erfahrungswelt. Ein mit 100 km/h fahrendes Auto bewegt sich nur mit 70 km/h fort für jemanden, der mit 30 km/h in der gleichen Richtung fährt. Und zwei mit 100 km/h nebeneinander in der gleichen Richtung fahrende Autos bewegen sich relativ zueinander überhaupt nicht. Wenn man in einem fahrenden Zug eine Münze fallen lässt, fällt sie gerade zu Boden; Zug, Reisender und Münze ruhen relativ zueinander, obwohl sie sich für einen am Bahnsteig stehenden Beobachter mit hoher Geschwindigkeit bewegen.

Licht ist ganz anders. Alle Beobachter, unabhängig davon, wie sie sich relativ zueinander bewegen, messen immer die gleiche Lichtgeschwindigkeit. Es ist egal, wie schnell sich jemand fortbewegt, er misst immer diese 300 000 km/s; man kann vor einem Lichtstrahl weder fortlaufen noch ihn einholen. In der Welt von Newtons Gesetzen ist so etwas nicht möglich. In einer festen Welt mit einer einheitlichen Zeit *muss* sich die Lichtgeschwindigkeit ändern für Beobachter in relativer Bewegung zueinander. Um eine konstante Lichtgeschwindigkeit zu ermöglichen, muss unsere Vorstellung von Raum und Zeit grundlegend geändert werden. Die Maßeinheiten von Länge und Zeit müssen vom Beobachter abhängen. Wenn ich hier auf Erden die Lichtgeschwindigkeit messe, und ein mit hoher Geschwindigkeit durch den Weltraum fliegender Astronaut tut dasselbe und findet den gleichen Wert, dann müssen seine Maßeinheiten, sein Meter und seine Minute, anders sein als meine hier – und das ist auch der Fall. (Nähere Einzelheiten hierzu sind in der Anmerkung A1 angegeben.) Der damit eingeleitete Umbruch der Physik war Albert Einsteins Relativitätstheorie, genau genommen seine spezielle Relativitätstheorie. Der Zusatz *speziell* soll andeuten, dass sie nur in räumlich beschränkten Bereichen des Universums gilt. Ihre Erweiterung auf den gesamten Kosmos, unter Einschluss der Schwerkraft, ergibt dann die *allgemeine* Relativitätstheorie – auch diese ein Resultat Einstein'scher Vorstellungskraft.

Für die spezielle Relativitätstheorie kombinierte Einstein die gerade nachgewiesene universelle Lichtgeschwindigkeit mit einem vierhundert Jahre früher aufgestellten Äquivalenzprinzip. Galileo hatte gefordert, dass die Gesetze der Physik die gleichen bleiben müssen für alle Beobachter, die sich gleichförmig relativ zueinander bewegen.

In anderen Worten, wenn ich messe, wie lange ein Stein braucht. um einen Meter zu fallen, einmal in meinem Labor und ein anderes Mal in einem Schnellzug, dann müssen die beiden Ergebnisse übereinstimmen. Einstein war klar: Um diese Äquivalenz zu bewahren und gleichzeitig dieselbe universelle Lichtgeschwindigkeit für alle relativ zueinander bewegten Beobachter zu erhalten, mussten unsere Vorstellungen von Raum und Zeit abgeändert werden. Raum und Zeit müssten verbunden werden, und die Maßstäbe müssten von der Geschwindigkeit des Beobachters abhängen. In Newtons Welt gab es eine einheitliche Zeit, überall gleich, und man konnte sich vorstellen, dass zwei Ereignisse gleichzeitig stattfanden. In der relativistischen Welt ist eine Synchronisation über große Entfernungen nicht möglich, und was für einen Beobachter früher ist, kann für einen anderen später sein.

Ein weiteres erstaunliches Ergebnis der Relativitätstheorie war, dass kein Körper je Lichtgeschwindigkeit erreichen kann. Nach dem Newton'schen Kraftgesetz führt ein Anstieg an Kraft zu einem Anstieg an Beschleunigung, sodass man jede Masse auf beliebig hohe Geschwindigkeit bringen kann, schneller als die Lichtgeschwindigkeit. Einstein hat gezeigt, dass Newtons Gesetz verändert wird, wenn die Geschwindigkeit der Masse in die Nähe der Lichtgeschwindigkeit kommt. Jetzt führt nur noch ein Teil der Kraft zu Beschleunigung; ein immer größer werdender Teil erzeugt ein Ansteigen der Masse, des Inertialverhaltens des Körpers (auch dies ist in der Anmerkung A1 etwas weiter ausgeführt). In unserer normalen Welt liegen alle Geschwindigkeiten so weit unter der Lichtgeschwindigkeit, dass wir solche relativistischen Effekte getrost vernachlässigen und daher von einer geschwindigkeitsunabhängigen Inertialmasse ausgehen können. Aber in Hochenergiebeschleunigern, wie etwa dem *Large Hadron Collider* am Europäischen Zentrum für Teilchenphysik CERN in Genf, in denen Protonen auf etwa 95 % der Lichtgeschwindigkeit gebracht werden, beträgt deren effektive Masse dann mehr als das Dreifache ihrer Ruhmasse. Dadurch wird klar, dass wir einen massebehafteten Körper niemals auf Lichtgeschwindigkeit bringen können – das würde eine unendliche Kraft erfordern. Nichts und niemand kann je einen Lichtstrahl im leeren Raum einholen – das Licht bleibt das schnellste Signal im Universum.

Wir wissen jetzt, dass das Licht der Sterne, das wir heute sehen, schon viele Jahre unterwegs war, elektromagnetische Strahlung in einem leeren Raum, ohne jeden Äther, die sich mit 300 000 km/s ausbreitet, egal, wer sie misst. Damit können wir nun zu unserer Ausgangsfrage zurückkehren:

Warum ist der Himmel nachts dunkel?

Dieses scheinbare Paradox wird heute nach Heinrich Olbers benannt, einem deutschen Astronomen. Er war nicht der Erste, dem die Sache auffiel; schon Kepler hatte das bemerkt und geschlossen, dass die Folge der Sterne nicht unendlich sein kann. Der amerikanische Schriftsteller Edgar Allan Poe hat das Problem in die Literatur eingeführt und ist zu Vorstellungen gelangt, die später Wissenschaft wurden – wie etwa ein expandierendes Universum, das mit einem Urknall begann. Um das Problem vor Augen zu haben, kann man sich einen unendlich ausgedehnten Wald vorstellen: Wohin man auch blickt, trifft die Sicht auf einen Baum. Im Jahr 1823 hat Olbers die Voraussetzungen für «sein» Paradox klar zusammengefasst:

- Das Universum ist in jeder Richtung unendlich und hat schon immer in seiner jetzigen Form existiert.
- Die Sterne sind in gleicher Dichte im Universum verteilt, existieren schon immer und haben eine vorgegebene Größe und Helligkeit.

Unter diesen Voraussetzungen müsste der ganze Himmel so hell sein wie ein typischer Stern; es dürfte nachts nie dunkel werden. Irgendetwas kann also nicht stimmen, und dieses «Etwas» bringt uns direkt zur modernen Kosmologie und ihren Vorstellungen über den Beginn des Universums.

Wenn das Alter des Universums begrenzt ist, wenn alles mit einem Urknall vor soundsovielen Jahren begonnen hat, dann ist das für uns heute sichtbare Universum von endlicher Größe, da das Licht ja nur diese Jahre gehabt hat, um uns zu erreichen. Die Abstände und Zeiten sind gewaltig, aber sie sind nicht unendlich. Dazu kommt, dass die Sterne irgendwann nach dem Urknall entstehen mussten, sodass ihre Zahl auch endlich ist. In anderen Worten, das begrenzte Alter des Universums gibt uns nur Einblick in einen endlichen räumlichen Teil des Ganzen, und in diesem Teil können seit dem Urknall nur eine endliche Anzahl von Sternen entstanden sein. Darum ist der Himmel nachts dunkel – eine späte Antwort an Heinrich Olbers, die sowohl die endliche Lichtgeschwindigkeit wie auch den Urknall als Weltbeginn erfordert. Eine einfache Frage kann weit führen ...

Wie aber können wir uns überzeugen, dass diese Vorstellungen wirklich richtig sind? Der Ursprung der Welt, selbst die Frage, ob sie einen Ursprung hat – all dies ist viel diskutiert worden, in Wissenschaft, Philosophie und Religion. Es gibt zwei Hauptgründe, weswegen die meisten Wissenschaftler heute die Urknalltheorie für richtig halten – aber gehen wir die Sache langsam an, Schritt für Schritt.

Ein recht bekannter Effekt der Alltagsphysik ist die Tonverschiebung bei einer bewegten Tonquelle. Der Motorenklang eines Rennwagens liegt höher, wenn das Fahrzeug auf uns zukommt, und wird niedriger, wenn es wegfährt; beim Vorbeifahren entsteht dadurch ein charakteristischer Tonflip. Man bezeichnet den Vorgang als Doppler-Verschiebung, benannt nach dem österreichischen Physiker Christian Doppler. Der gehörte Ton entsteht durch Schallwellen einer gewissen Wellenlänge, und wenn die Tonquelle auf uns zukommt, wird die Welle gequetscht, der Abstand zwischen zwei aufeinanderfolgenden Bergen verkürzt, und das erhöht den Ton. Bei einer sich entfernenden Tonquelle geschieht das Gegenteil. Ein derartiger Doppler-Effekt tritt auch bei Lichtwellen auf, sodass man messen kann, ob sich ein bestimmter Stern von uns aus gesehen bewegt. Sterne emittieren Licht bestimmter Wellenlängen, mit sogenannten Spektrallinien, und wenn diese verschoben erscheinen, muss sich der Stern bewegen. Je nachdem, ob er auf uns zukommt oder sich von uns entfernt, werden die Wellenlängen kürzer *(Blauverschiebung)* oder länger *(Rotverschiebung)*, und je schneller er sich bewegt, desto größer ist die entsprechende Verschiebung.

In den 1920er Jahren hatte der amerikanische Astronom Edwin Hubble am Mount-Wilson-Observatorium in Kalifornien das Licht gewisser sehr ferner Sterne untersucht. Man hatte dabei bereits klare Rotverschiebungen gemessen; es war bekannt, dass sich diese Sterne von uns entfernen. Hubble machte nun die überraschende Entdeckung, dass sie umso schneller entschwinden, je weiter entfernt sie sind. Die Doppler-Verschiebung, und mithin auch die Sterngeschwindigkeit, waren problemlos messbar. Die Schwierigkeit lag in der Bestimmung der Entfernung der beobachteten Sterne.

Um den Abstand relativ nahe gelegener Himmelskörper, wie etwa Planeten, zu messen, konnte man die Parallax-Methode verwenden, mit deren Hilfe bereits Cassini und Richer die Entfernung zwischen Erde und Mars bestimmt hatten. Aber bei den fernen Sternen, die Hubble im Visier hatte, war der Parallaxenwinkel viel zu klein für irgendwelche Messungen. Die Lösung kam dann auf recht einfache Weise. Die Helligkeit einer Lichtquelle nimmt ab, je weiter entfernt man ist. Da das Licht sich kugelförmig von seiner Quelle ausbreitet, fällt auf eine gegebene Fläche mit zunehmendem Abstand immer weniger Licht. Bezeichnet man mit d den Abstand zur Lichtquelle, nimmt die Kugeloberfläche mit d^2 zu, sodass das einfallende Licht pro

Flächeneinheit wie $1/d^2$ abnimmt. Wenn wir die Ausgangshelligkeit einer Quelle kennen und ebenfalls die bei einem gewissen (zunächst unbekannten) Abstand gemessene Helligkeit, dann bestimmt der Helligkeitsunterschied die Entfernung d.

Nun war die Helligkeit von Hubbles Sternen, den sogenannten Cepheiden, gerade kürzlich gemessen worden; in der Sprache der Astronomen bilden sie damit *Referenzkerzen*. Durch die Messung ihrer relativen Helligkeit in seinem Observatorium am Mount Wilson erhielt Hubble eine gute Abschätzung ihrer Entfernung – genau genug, um festzustellen, dass ihre Fluchtgeschwindigkeit v mit größer werdendem Abstand d von der Erde zunahm. (Für weitere Einzelheiten siehe Anmerkung A2.) Das führte zum *Hubble'schen Gesetz* $v = H_0 d$, mit der wiederum als Hubble-Konstante bezeichneten Skalenfestlegung H_0. Der von Hubble gemessene Wert war aus heutiger Sicht etwas ungenau, aber seine Idee was korrekt und veränderte unser Weltbild. Wohin Hubble auch blickte, überall schienen die Sterne zu entschwinden, es schien, als ob das ganze Universum explodierte. War das möglich?

Hubbles Entdeckung erfolgte zu einem idealen Zeitpunkt. Nur wenig vorher, im Jahre 1916, war Albert Einsteins neue *allgemeine Relativitätstheorie* erschienen, die die Auswirkungen der Schwerkraft mit der Natur von Raum und Zeit verband. Man kann einen Ball am Band kreisen lassen, wobei die Spannung des Bandes gerade die Zentrifugalkraft kompensiert. Aber wenn man nur die Ballbewegung betrachtet, könnte man auch zu dem Schluss kommen, dass sich der Ball frei auf einer gekrümmten Bahn bewegt. Die Rolle der Kraft lässt sich somit durch eine Raumkrümmung ersetzen. In der Nähe von sehr massiven Himmelskörpern, wie etwa der Sonne, würde der Raum von der Schwerkraft derartig deformiert, dass selbst ein Lichtstrahl von seinem graden Pfad abweichen müsste. Diese Vorhersage von Einsteins Theorie wurde 1919 in einem heute berühmten Experiment getestet und bestätigt. Der englische Astronom Arthur Eddington und seine Mitarbeiter zeigten anlässlich einer Sonnenfinsternis, dass dicht an der Sonne vorbeifliegendes Sternenlicht in der Tat um genau den von Einstein berechneten Betrag abgelenkt wurde. Einstein wurde schlagartig weltberühmt.

Als Einstein seine allgemeine Relativitätstheorie aufstellte, hielt man ganz allgemein das Universum für statisch; man dachte (noch) nicht an die Möglichkeit einer Expansion oder Kontraktion. Einstein brauchte daher irgendeine Kraft, die die alles anziehende Wirkung der Schwerkraft kompensierte. Es gab dafür unmittelbar keinen Kandidaten, und bis heute gibt das Problem einige Rätsel auf. Einsteins mit wenig Begeisterung vorgebrachte «Lösung» bestand in der Einführung einer mysteriösen «kosmologischen Flüssigkeit», die den ganzen Raum ausfüllt und durch ihren Druck die Schwerkraft gerade kompensiert. Diese Flüssigkeit musste recht seltsame Eigenschaften haben – sie durfte keinen Vorgang im Universum beeinflussen, außer der Schwerkraft, sodass sie für alle anderen Messungen unbeobachtbar blieb. Ihr Druck und damit ihre Dichte mussten außerordentlich präzise festgelegt sein, um die Schwerkraft exakt zu kompensieren. In gewissem Sinne war das eine neue Form von Äther und damit für Einstein besonders unerwünscht. Er hat dann später die Einführung dieser heute als *kosmologische Konstante* bezeichneten Größe den größten Schnitzer seines Lebens genannt. Wäre er bei seinen ursprünglichen Gleichungen geblieben, ohne kosmologische Konstante, hätte er eine Expansion des Universums vorhersagen können, bevor sie dann von Hubble entdeckt wurde. Heute sind sich die Kosmologen nicht so ganz sicher, ob diese Größe wirklich ein Fehler war. Die *dunkle Energie*, zu der wir später kommen werden, ist so etwas wie eine Auferstehung von Einsteins kosmologischer Konstante, wenn nicht sogar des Äthers längst vergangener Zeiten.

Im Jahr 1922 wies dann der russische Theoretiker Alexander Friedmann nach, dass die allgemeine Lösung von Einsteins Gleichungen sehr wohl expandierende oder kontrahierende Universen beschreibt. Und als dann Hubble seine Expansion fand, stand alles bereit.

Die Urknalltheorie

selbst wurde 1929 begründet, durch Georges Lemaître; der hatte an der Universität Löwen in Belgien Mathematik und Physik studiert und gleichzeitig die Unterweisung für das katholische Pfarramt erhalten. In beiden Fällen war er erfolgreich; er promovierte 1920 in Mathematik und wurde 1923 zum Priester ordiniert. Im Jahr 1926 bestätigte er unabhängig noch einmal die Richtigkeit von Friedmanns expandierender Lösung und benutzte diese, um Hubbles Beobachtungen zu erklären; er schloss, dass sich unser sichtbares Universum kontinuierlich ausdehnt. Blickt man zurück, stößt man irgendwann auf sehr dichte, heiße, energiereiche Urmaterie, aus der dann unsere Welt entstanden ist. Es muss also einen Anfang gegeben haben, einen Urknall. Dem katholischen Priester Lemaître erschien eine solche Form der Genesis als sehr natürlich, auch wenn sie weit entfernt war von dem Dogma, das Giordano Bruno oder Galileo Galilei vorgelegt wurde. Einstein hingegen war anscheinend nicht so froh über Lemaîtres Ergebnisse; er soll ihm geschrieben haben: «Ihre Berechnungen sind richtig, aber Ihre Physik ist scheußlich.»

Trotzdem gewann die Urknalltheorie in den folgenden Jahren mehr und mehr Unterstützung und Anhänger. Der entscheidende Schritt kam wohl im Jahre 1964, als die amerikanischen Astronomen Arno Penzias und Robert Wilson etwas entdeckten, was heute als kosmische Hintergrundstrahlung bezeichnet wird. Diese Strahlung findet man überall im Universum; man kann sie in allen Bereichen des Himmels messen, als ein direktes Überbleibsel des Urknalls.

Die Entdeckung dieser Strahlung ist wahrlich einer der glücklichen Zufälle in der Entwicklung unseres Weltbildes. Penzias und Wilson suchten im Auftrag der Bell Telephone Company nach praktikablen Methoden der Mikrowellenkommunikation, indem sie Signale an Ballonsatelliten in großer Höhe reflektierten. Dafür war es notwendig, alle Störeffekte mit höchster Präzision auszuschließen. Selbst die Empfänger für die Signale waren bis auf wenige Grad

Kelvin, also bis kurz über den absoluten Nullpunkt, abgekühlt, um mögliche thermische Störstrahlung zu eliminieren. Doch als sie alle vorstellbaren Störquellen ausgeschlossen hatten, bis hin zu Taubendreck auf den Empfangsantennen, empfingen sie immer noch eine mysteriöse Strahlung von etwa drei Grad Kelvin. Die Strahlung war Tag und Nacht da, in allen Himmelsrichtungen. Von Freunden hörten sie dann, dass an der nahe gelegenen Princeton-Universität Robert Dicke und Mitarbeiter gerade eine Arbeit beendeten über eine Hintergrundstrahlung, erzeugt und dann hinterlassen vom Urknall. Penzias und Wilson setzten sich mit der Princeton-Gruppe in Verbindung, diskutierten ihre Beobachtungen mit ihnen und schlossen, dass sie in der Tat diesen Urknallblitz gefunden hatten. Ihre Arbeit wurde 1965 veröffentlicht, im gleichen Heft von *Astrophysical Journal Letters*, in dem auch die theoretische Arbeit von Robert Dicke, Jim Peebles und David Wilkinson erschien, mit der Vorhersage, dass eine vom Urknall emittierte Strahlung noch heute messbar sein sollte.

Man muss demnach auf mehr achten als nur auf das Licht der Sterne. Der Urknall konnte natürlich nicht «knallen», aber er konnte «blitzen», Licht emittieren, und dieses Licht ist noch heute vorhanden in Form der von Penzias und Wilson entdeckten kosmischen Hintergrundstrahlung. Die Urmaterie bestand zunächst aus wechselwirkenden Urteilchen, war ein Plasma aus Quarks, Elektronen, Photonen und mehr. Dieses Plasma dehnte sich rasch aus und kühlte dabei genauso rasch ab; die Quarks fanden sich zusammen zu Protonen und Neutronen, die wiederum zu Kernen verschmolzen. Elektronen und Kerne bildeten dann schließlich elektrisch neutrale Atome. Von diesem Zeitpunkt an, der sogenannten «Entkopplungsphase», etwa 300 000 Jahre nach dem Urknall, waren die Photonen ihrem Schicksal überlassen: Es gab keine ungebundenen geladenen Teilchen mehr, mit denen sie wechselwirken konnten, und untereinander war auch keine Wechselwirkung möglich. Aus der Sicht der Photonen war das Universum jetzt völlig durchsichtig geworden, das Licht breitete sich ungehindert aus in den expandierenden Raum. Aus unserer Sicht sind diese Photonen die ursprünglichsten Signale des Urknalls, die wir empfangen können. Vor der Entkopplung war das

Plasma geladener Teilchen für Licht undurchlässig; wir können also keine Signale aus dieser Zeit erhalten. Der Zeitpunkt der Entkopplung, als sich elektrisch neutrale Atome bildeten, ist für uns somit ein absoluter Zeithorizont.

Als die Photonen damals frei wurden, zur Entkopplungszeit, bildeten sie ein Gas von einer Temperatur von etwa 3000 Grad Kelvin. Die entsprechende Wellenlänge liegt im gelben Teil des sichtbaren Spektrums, sodass der Himmel damals durchaus nicht dunkel war – er war leuchtend gelb. Aber seitdem hat sich das Universum immer weiter ausgedehnt, bis heute um einen Faktor 1000 seit der Entkopplungszeit. Durch diese Ausdehnung wurde die Energiedichte immer geringer, was wiederum zu einer entsprechenden Abkühlung führte; die kosmische Strahlung hat deshalb jetzt nur noch eine Temperatur von etwa drei Grad Kelvin. Die Wellenlänge wurde somit immer größer und liegt heute mit ca. 7 cm im Mikrowellenbereich, weit unter der Sichtbarkeitsgrenze. Aber in gewisser Weise ist der Himmel nur deshalb dunkel, weil wir sein Leuchten nicht zu sehen vermögen. Mit der richtigen Brille würde auch für uns der Himmel nachts leuchten – nicht wegen der vielen Sterne, sondern durch das Nachglühen des Urknalls.

Damit nicht genug, erzeugt dieses Leuchten wiederum ein gravierendes Problem für unser Weltbild. Die Hintergrundstrahlung, die wir heute empfangen, kommt aus Himmelsgebieten, die zur Entkopplungszeit keinerlei kausale Verbindung hatten, aus getrennten Raumzeitbereichen, zwischen denen keine Kommunikation möglich war. Die Entkopplung liegt sehr weit zurück, und seitdem hat sich der Raum immens ausgedehnt. Was das bedeutet, lässt sich leicht zeigen. Zwei Markierungspunkte, die einen Kilometer auseinanderliegen, sieht ein Beobachter, der von jedem der beiden um einen Kilometer entfernt ist, unter einem Winkel von 60 Grad (siehe Bild rechts). Für einen fünf Kilometer entfernten Beobachter beträgt der Betrachtungswinkel nur noch etwas mehr als zehn Grad.

Etwas Ähnliches passierte bei der Entkopplung. Zur fraglichen Zeit, 300 000 Jahre nach dem Urknall, konnten nur solche Bereiche miteinander kommunizieren, die um nicht mehr als 300 000 Lichtjahre voneinander getrennt waren. Wenn diese Bereiche heute von

Der Beobachtungswinkel sinkt mit wachsender Entfernung.

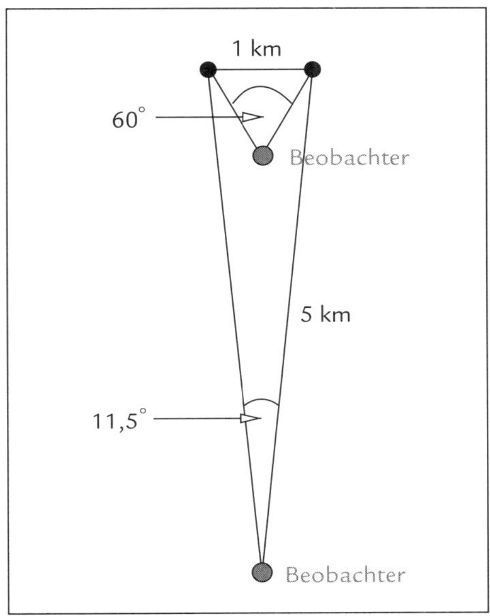

uns mehr als 10^{10} Lichtjahre entfernt sind, dann bildet ihr Winkel für uns nur den Bruchteil eines Grades. Anders gesagt, messen wir die Hintergrundstrahlung in einem bestimmten Winkel und im Anschluss daran in einem anderen Winkel, dann haben die Ursprungsbereiche der Strahlungen aus diesen beiden Messungen keinerlei Verbindung gehabt. Warum zeigen dann beide die gleiche Temperatur? Die Strahlung, die wir hier messen, kommt von Millionen von Raumgebieten, die nie eine Möglichkeit hatten, sich abzustimmen. Das Ganze ist wie ein riesiges Orchester ohne Dirigent, aber mit vielen, vielen Musikern, die sich auf keine Weise untereinander verständigen können. Und trotzdem spielen alle dieselbe Melodie. Hätte die Entkopplung von Photonen und Materie zu verschiedenen Zeiten in verschiedenen Bereichen stattgefunden, dann würden diese Bereiche unterschiedliche Temperaturen ihrer Hintergrundstrahlung erzeugen. Aber alle verhalten sich so, als ob ein allmächtiger, imaginärer Dirigent irgendwann seinen Stab gesenkt und die Anweisung gegeben hätte: «Entkoppelt jetzt.» Dieses als *Horizontproblem* bezeichnete

Enigma ist eines der großen Rätsel der heutigen Kosmologie, für das es, trotz einiger interessanter Vorschläge, bislang keine rundum zufriedenstellende Lösung gibt. Auf einen dieser Vorschläge kommen wir gleich noch zurück.

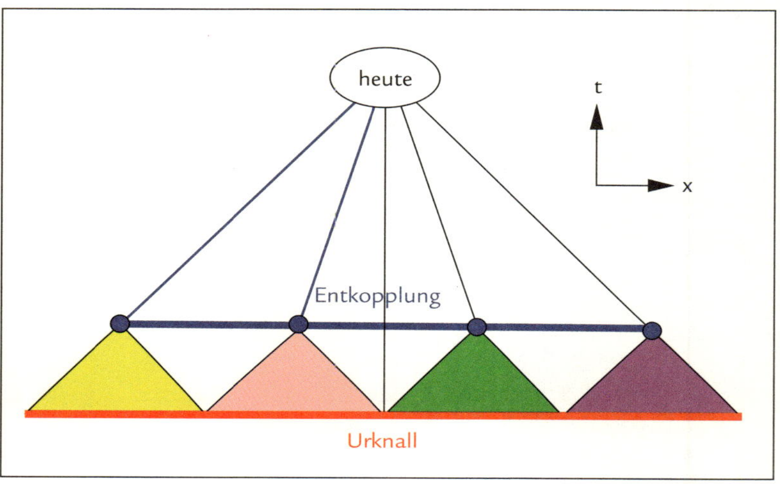

Die zeitliche Entwicklung der kosmischen Hintergrundstrahlung

Aber zunächst wollen wir uns etwas näher mit der Abkühlung befassen, die die damalige Strahlung von 3000 Grad auf die heutigen drei Grad hat absinken lassen. Die Frequenz des von einer Wärmequelle emittierten Lichts sinkt mit der Temperatur. Das geschieht durch die Wechselwirkung des Lichts mit den Atomen der Quelle. Diese Atome befinden sich in verschiedenen Anregungszuständen (im Kapitel 5 werden wir all das noch näher untersuchen), die beim Übergang von einem Zustand in einen anderen Photonen absorbieren und emittieren. Wird die Quelle abgekühlt, absorbieren die Atome mehr Photonen hoher Frequenz und emittieren mehr Photonen niedriger Frequenz – was zu einer allgemeinen Verschiebung in Richtung niedrigerer Frequenzen, also niedrigerer Temperaturen, führt. Wie aber kann dann in einem Universum mit so viel leerem Raum und so wenigen Atomen eine kosmische Rotverschiebung stattfinden? Der Ursprung der kosmischen Abkühlung gleicht ein wenig der Doppler-Verschiebung, die wir schon bei bewegten Quellen beobachtet haben. Dort beobachteten wir, dass die Wellen «gestaucht» wurden, wenn sie auf uns zukamen, und «gestreckt» wurden, wenn sie sich von uns entfernten. So etwas geschieht auch mit einer einsamen Welle, wenn sie durch den sich ausdehnenden Raum fliegt. Der Abstand zwischen zwei benachbarten «Bergen» vergrößert sich, die Wellenlänge wird desto länger, je mehr sich der Raum ausdehnt. Hat der Raum sich seit der Emission des Lichts um einen Faktor tausend gedehnt, dann ist auch die Wellenlänge um diesen Faktor größer geworden, die Frequenz hingegen kleiner. Diese Art kosmischer Rotverschiebung bedeutet demnach nicht, dass sich die Quelle lokal von uns fortbewegt, sondern nur, dass der von ihr durchquerte Raum sich ausdehnt.

Die Expansion des Universums ist fixiert im Hubble'schen Gesetz, $v = H_0 d$, nach dem die Geschwindigkeit v einer fernen Galaxie proportional ist ihrer Entfernung d von der Erde. Der kritische Maßstab dabei ist die «Hubble-Konstante» H_0; der heutige Wert ist etwa 22 km/s pro eine Million Lichtjahre. Somit entschwindet eine Galaxie, die eine Million Lichtjahre von uns entfernt ist, durch die Raumexpansion mit 22 km/s, während eine zwei Millionen Lichtjahre entfernte Galaxie das mit 44 km/s tut. Bei einer konstanten Expansionsbeschleunigung bestimmt die Hubble-Konstante das Alter des Universums, $t_0 = 1/H_0$; mit dem angegebenen Wert von H_0 erhält man 13,8 Milliarden Jahre (siehe Anmerkung A3).

Die Expansionsbeschleunigung und ihre Zeitabhängigkeit werden durch eine Vielzahl von Aspekten, sowohl Messgrößen wie auch theoretischen Überlegungen, bestimmt. Eine wesentliche Größe ist dabei die gesamte Masse des Universums. Wenn diese genügend groß ist, kann die Schwerkraft auf lange Sicht die Expansion aufhalten und dafür sorgen, dass sich alles wieder zusammenzieht. Das Ergebnis wäre dann eine Evolution von Urknall zu Urkollaps. Ist hingegen die Masse des Universums genügend klein, überwältigt die Ausdehnung die Schwerkraft, und die Beschleunigung nimmt mit der Zeit zu. Die kritische Grenze zwischen diesen beiden Möglichkeiten ergibt eine konstante Beschleunigung. Die Masse des Universums ist allerdings nicht leicht zu bestimmen, denn neben dem sichtbaren Inhalt gibt es noch große Mengen *dunkler Materie*, die unsichtbar ist und sich nur durch ihre Auswirkungen auf das Schwerkraftverhalten von Galaxien feststellen lässt. Dazu kommt dann noch die bereits erwähnte *dunkle Energie*, die das gesamte Universum durchdringt, die Schwerkraft abbremst und mithin die Expansion verursacht. Die neuesten Erkenntnisse, mit dem Nobelpreis 2011 ausgezeichnet, deuten auf eine zunehmende Beschleunigung hin und unterstreichen die Wichtigkeit der mysteriösen dunklen Energie. Schlussendlich jedenfalls bleiben die 14 Milliarden Jahre heute der beste Wert für das Alter unseres Universums.

Zuvor wollen wir noch einmal zurückkehren zu der Frage, wie die Expansion ganz kurz nach dem Urknall abgelaufen ist; das bringt uns auch zurück zu dem erwähnten kosmologischen Horizontproblem. Man sollte allerdings gleich betonen, dass der «Grund», der eigentliche Auslöser des Urknalls, nicht bekannt ist. Was man hat, ist ein recht eindrucksvoller Versuch, die Entwicklung des frühesten Stadiums zu beschreiben, eine

kosmische Inflation.

Die Vorstellung basiert auf einem vor etwa dreißig Jahren von dem amerikanischen Kosmologen Alan Guth vorgeschlagenen Modell. Wenn wir irgendetwas messen, brauchen wir einen Bezugspunkt, eine «Null». Die Höhe von Bergen misst man «über dem Meeresspiegel», die Tiefe der Ozeane «unter dem Meeresspiegel». Bei dieser Festlegung ist der Mount Everest mit etwa 8900 Metern der *höchste* Berg der Erde. Der Vulkan Mauna Kea auf Hawaii erhebt sich aber 10 000 Meter über dem Meeresboden – eigentlich ist er der *größte* Berg der Erde.

Stellen wir uns nun einen gestauten Fluss vor: Stromaufwärts ist der Wasserpegel sehr viel höher als stromabwärts. Dieser Höhenunterschied ergibt einen entsprechenden Unterschied an potentieller

Energie, die man etwa benutzen kann, um ein Kraftwerk zu betreiben, das durch die herabstürzenden Wassermengen Elektrizität erzeugt. Der Übergang von einem Energieniveau zu einem anderen kann sehr plötzlich stattfinden und dabei Energie freisetzen. Bei der kosmischen Inflation stellt man sich vor, dass das gesamte heutige Universum ursprünglich aus einer kleinen Blase extrem heißer Materie bestand, kausal zusammenhängend und im thermischen Gleichgewicht. Der Grundzustand, der Bezugspunkt, lag damals weit über unserem heutigen. Die Urblase dehnte sich aus, kühlte ab und wurde dadurch an einen kritischen Punkt gebracht. Bei diesem Vorgang dehnte sich der Raum in sehr kurzer Zeit extrem aus, das besagt der Terminus «Inflation». Da die Materie vor der Ausdehnung im thermischen Gleichgewicht war, blieb sie in dem entsprechenden Zustand auch nach dem Zerbrechen in kausal unzusammenhängende Bereiche. So erklärt die Inflationstheorie, wie erwähnt, die Tatsache, dass wir heute in allen Bereichen des Himmels die gleiche Hintergrundtemperatur messen. Vor der Inflation waren alle im gleichen Topf, stimmten sich aufeinander ein, und diese Information blieb im Übergang erhalten. Zudem wurde im Inflationsübergang vom höheren zum tieferen Niveau viel Energie freigesetzt, und diese *dunkle Energie* durchdringt das ganze Universum. Sie war bisher und bleibt weiterhin der Motor für die Expansion.

Aber selbst die kosmische Inflation kann bestenfalls erklären, wie in sehr kurzer Zeit ein heißes, expandierendes Universum entstehen kann. Der Ursprung der für diesen Vorgang notwendigen Bedingungen bleibt weiterhin im Dunkeln. Der wirkliche Anfang von allem bleibt weiterhin jenseits der Wissenschaft. Die postinflationäre Entwicklung hängt dann, wie wir erwähnt hatten, von dem Zusammenspiel von Schwerkraft und dunkler Energie ab. Und wie auch immer es weitergehen mag, heute dehnt sich jedenfalls alles zunehmend aus. Diese Ausdehnung ist keine «Explosion», die Trümmer in einen leeren Raum schleudert. Der Raum entstand erst im Urknall, und es ist der Raum selbst, der hinausgeschleudert wird. Ein besserer Vergleich für unser heutiges Universum ist vielleicht der von Rosinen in einem Kuchenteig, nachdem dieser einige Zeit im Backofen ist. Der Kuchen «geht auf», und alle Rosinen bemerken, dass sich die benachbarten Rosinen immer weiter entfernen. Der Teig zwischen den Rosinen, das ist der «Raum». Für die Vorstellung von Ausdehnung ist es egal, wie viel Teig es gibt und ob er irgendwo aufhört. Ganz ähnlich war auch die Urmaterie des frühen Universums nicht an einem Punkt im Raum konzentriert. Wir sehen nur den Teil des Universums, dessen Licht uns in 14 Milliarden Jahren erreicht hat, und dieser Teil war tatsächlich räumlich lokalisiert. Was es außerhalb dieses Bereichs gab und noch gibt, das können wir einfach nicht sagen, jedenfalls heute nicht. Müsste aber nicht, wenn wir nur lange genug warten, das Licht aus diesen zurzeit noch unerreichbaren Regionen bei uns eintreffen?

Das ist, wie wir heute wissen, nicht der Fall. Wir können Hubbles Gesetz benutzen, um zu berechnen, wie weit entfernt von uns ein Stern sein muss, damit er aus unserer Sicht mit mehr als Lichtgeschwindigkeit entschwindet. Wie wir gleich sehen werden, heißt das nicht, dass dieser Stern selbst sich irgendwo mit Überlichtgeschwindigkeit fortbewegt, was der Relativitätstheorie widersprechen würde. Es bedeutet vielmehr, dass sich der Teil des Raums, in dem er sich befindet, durch die Expansion des Universums von unserem so schnell entfernt. Das Hubble'sche Gesetz gibt ja an, wie schnell entfernte Raumbereiche entschwinden; mit dem angegebenen Wert der Hubble-Konstante erreicht diese Expansion Lichtgeschwindigkeit bei einer Entfernung von 14 Lichtjahren. Ein Stern, der heute so weit von uns entfernt ist, entschwindet, zusammen mit seiner Umwelt, mit mehr als Lichtgeschwindigkeit, und kein Signal von ihm wird uns je erreichen. Es gibt einen absoluten kosmischen Horizont,

das absolute Jenseits.

Für uns und alle unsere Nachfahren ist das heute um mehr als 14 Milliarden Lichtjahre entfernte Universum auf ewig unerreichbar; wir können «denen» kein Signal senden und keines von «daher» empfangen. Mithin ist unsere Welt durch eine «Hubble-Kugel» von einem Radius von 14 Milliarden Lichtjahren beschränkt. Aber das gilt nur für uns hier. Ein ferner Stern hat seine eigene Hubble-Kugel, die einen anderen Teil des Universums überdeckt – der mit unserem gemeinsame Bereiche haben kann, aber nicht muss. Da draußen ist sicher mehr, aber unsere Kommunikationsfähigkeit stößt an eine absolute Grenze.

An dieser Stelle kehren wir zurück zu dem Einwand, dass sich nichts mit mehr als Lichtgeschwindigkeit entfernen kann. Und das ist auch richtig, nichts kann vor einem Lichtstrahl davonlaufen. Der zusätzliche Aspekt, der hier ins Spiel kommt, ist die Ausdehnung des Raumes. Der ferne Stern emittiert ein Lichtsignal, und dieses geht auf seine Bahn in unsere Richtung exakt mit universeller Lichtgeschwindigkeit. Während es «dahinfliegt», dehnt sich jedoch der Raum aus, und wenn diese Ausdehnung rasch genug geschieht, wird das Signal uns nie erreichen. Hubbles Gesetz sagt also nicht, dass ein ferner Stern von uns wegläuft; aus der Sicht anderer Sterne in seiner Umgebung ist er absolut stationär. Wo immer das Lichtsignal «vorbeikommt», messen dortige Beobachter Lichtgeschwindigkeit. Das Lichtsignal gleicht ein wenig einem Wurm, der durch unseren aufgehenden Kuchenteig kriecht, von einer Rosine zur nächsten. Jeder Beobachter sieht den Wurm mit Standard-Wurmgeschwindigkeit kriechen, aber in der Zwischenzeit geht der Kuchen auf, und wenn das schnell genug passiert, wird der arme Wurm die nächste Rosine nie erreichen. Selbst in der kosmischen Inflation war es der Raum, der sich so plötzlich ausdehnte – in genügend eingeschränkten lokalen Bereichen bewegte sich nichts schneller als Licht.

Ist die Hubble-Konstante wirklich konstant, dann ist unsere Hubble-Kugel in der Tat die Grenze unseres Universums. Alle Bereiche des Universums, die sich kurz nach dem Urknall außerhalb unserer Hubble-Kugel befanden, sind danach für uns unerreichbar und werden es auch immer bleiben. Diese Bereiche entfernten sich schon damals von uns mit «mehr als Lichtgeschwindigkeit» und wurden seitdem noch beschleunigt.

Was aber passiert mit einem Stern, der kurz nach dem Urknall gerade noch innerhalb unserer Hubble-Kugel entstanden ist? Die Ausdehnungsgeschwindigkeit seiner Umgebung liegt, aus unserer Sicht, unterhalb der Lichtgeschwindigkeit. Aber seine Ausdehnungsrate stieg weiter an und überschritt kurze Zeit später die Lichtgeschwindigkeit. Aus unserer Sicht ging in dem Augenblick der Stern aus, er verschwand aus unserer Welt. Das Licht hingegen, das er kurz vorher emittiert hatte, durchquert weiter den Raum, und wenn es uns endlich erreicht, ist der Stern, von dem es stammt, schon weit, weit außerhalb unserer Welt, in dem für uns absoluten Jenseits.

Um zu bestimmen, wie weit entfernt er ist, stellen wir die umgekehrte Frage: Wenn kurz nach dem Urknall ein Signal von der Erde ausgesandt wurde (wir nehmen an, dass sie dann schon existierte), wie weit ist es dann bis heute gekommen? Für ein statisches Universum wäre das die Lichtgeschwindigkeit multipliziert mit dem Alter des Universums, also etwa 14 Milliarden Lichtjahre. Aber die Expansion macht die Entfernung viel größer, wie unser Wurm bei seiner Reise durch den Kuchenteig bemerkt hat. Wenn die Beschleunigung der Ausdehnung konstant bleibt, führt das auf 42 Milliarden Lichtjahre, das Dreifache der statischen Entfernung (mehr dazu in Anmerkung A4).

So gesehen sind die fernsten Sterne, die wir beobachten können, viel weiter entfernt als Lichtgeschwindigkeit mal Alter des Universums. Als sie das heute von uns empfangene Licht ausgestrahlt haben, waren sie uns noch viel näher, dichter bei uns, innerhalb unserer Hubble-Kugel. Aber während der Reise dieses Lichts expandierte das Universum, und so ist ihre heutige Entfernung eine Kombination von Lichtreisezeit und Raumexpansion. Der fernste Stern, den wir heute sehen, ist nun schon 42 Milliarden Lichtjahre von uns entfernt. Unter der Voraussetzung, dass es ihn noch gibt – das aber werden wir nie erfahren.

Aus philosophischer Sicht ist diese Form einer letzten Raumgrenze recht befriedigend. Die «letzte äußere Sphäre» der alten Kosmologien führte stets auf kaum beantwortbare Fragen. Woher kommt eine solche Sphäre? Woraus besteht sie, was passiert, wenn ein von uns ausgesandtes Signal sie erreicht? Und schließlich die verbotene Frage: Was ist dahinter? In der heutigen Kosmologie besteht die Grenze nur im Auge des Betrachters. An dieser imaginären Kugel, 14 Milliarden Lichtjahre entfernt, gibt es nichts Besonderes, keine Unstetigkeit, keine große Mauer; es gibt keinen Grund anzunehmen, dass sich die Welt dahinter ändert. Wir können nur nicht nachsehen, die Grenze besteht nur für uns. Andere Beobachter auf anderen Sternen haben ihre eigenen zugänglichen (und unzugänglichen) Bereiche. Unser Weltbild heute ist demnach nicht so verschieden von dem, das Thomas Digges vor 450 Jahren mit seinem unendlichen, immer gleichen Universum hatte. Im Unterschied zu ihm wissen wir nur, dass es einen Anfang gab und dass der unserer Forschung zugängliche Bereich irgendwo aufhört.

Doch solltest du je ein Boojum finden,
dann ist es um dich geschehen;
ganz plötzlich und lautlos wirst du dann verschwinden
und wirst nie wieder gesehen.

Lewis Carroll, *Die Jagd nach dem Snark*

3. Das heimliche Leuchten der schwarzen Löcher

Der englische Mathematiker und Dichter Lewis Carroll, unsterblich geworden durch *Alice im Wunderland*, lässt in einem anderen, ähnlich poetisch-utopischen Werk eine Expedition aufbrechen, um das Fabelwesen *Snark* zu suchen. Von diesen Snarks gibt es zwei Sorten, normale und Boojums. Ein Boojum hat die besondere Eigenschaft, dass derjenige, der es erblickt, sofort und unwiderruflich verschwindet. Wie also kann man es finden? Was die Boojums für die Fabelwelt, das sind die schwarzen Löcher für die Sternenwelt.

Obwohl es in unserem Universum viele seltsame Dinge gibt – die schwarzen Löcher gehören sicher mit zu den seltsamsten. Man kann sie nicht sehen, man kann sie nicht hören, und wenn man je eines trifft, wird man später nichts darüber berichten können. Wie beim Boojum: Es wird dann kein Später mehr geben. Schwarze Löcher sind verbotene Zimmer unserer Welt, Zimmer, die man nie betreten sollte.

Die Vorstellung, dass es in unserer vernunftbetonten Welt so etwas überhaupt geben könnte, hat zuerst John Michell im Jahr 1783 entwickelt. Michell war ein englischer Naturphilosoph, in Cambridge ausgebildet, und später Gemeindepriester in der kleinen Ortschaft Thornhill in West Yorkshire. Und wie das in der Naturwissenschaft oft der Fall ist, hatte er die richtige Idee, auch wenn die Einzelheiten nicht recht stimmten. Wenn man einen Stein in die Luft wirft, fällt er wieder zur Erde. Je schneller man ihn wirft, desto höher fliegt er. Wenn er die Hand verlässt, hat er viel Bewegungsenergie, und wenn er dort oben aufhört, weiter zu steigen, dann ist diese *kinetische Energie* verbraucht; er hat nun aber viel *potentielle Energie*, die er dann beim Fallen wieder in Bewegung verwandelt. Wie schnell muss man ihn werfen, damit er nicht wieder herunterfällt? In unserer Zeit der Raumstationen und Satelliten ist das eine fast alltägliche Frage.

Die Fluchtgeschwindigkeit

ist die Minimalgeschwindigkeit, die eine von der Erdoberfläche nach oben geschossene Kugel haben muss, um nicht zurückzukommen. So wie Körper verschiedener Masse in der gleichen Zeit die gleiche Strecke fallen, so ist auch die Fluchtgeschwindigkeit die gleiche für alle Körper, etwa 11 km/s (siehe hierzu Anmerkung A5). Wenn sie diese Geschwindigkeit besitzt, kommt die abgeschossene Kugel nicht wieder herunter, ihre kinetische Energie reicht aus, um die Anziehung der Schwerkraft zu kompensieren.

Schon Newton hatte sich Gedanken über diese Frage gemacht. Er stellte sich Licht als kleine Teilchen vor, die mit Lichtgeschwindigkeit dahinflogen. Nun ist die Stärke der Schwerkraft proportional zur Erdmasse und umgekehrt proportional zu Entfernung vom Erdzentrum. Michell griff Newtons Idee der Lichtteilchen auf und stellte sich einen Himmelskörper vor, auf dem die Schwerkraft sehr viel größer wäre als hier. Dort müsste dann selbst Licht wieder herunterfallen.

Da die Masse der Lichtteilchen keine Rolle spielte bei der Bestimmung der Fluchtgeschwindigkeit, sondern nur Masse und Größe des Sterns, konnte Michell sogar die entsprechenden Werte für diesen hypothetischen Stern festlegen. Er schrieb 1784 in einem Brief an seinen Freund Henry Cavendish in Cambridge, dass ein Himmelskörper von der Massendichte der Sonne, aber mit einem 500-mal größeren Durchmesser, dafür ausreichen müsste: Das aufsteigende Licht würde zurückfallen. Cavendish schickte den Brief an die Royal Society in London, in deren Abhandlungen er abgedruckt wurde. So ging schließlich ein Dorfpfarrer aus Yorkshire als der Erfinder der schwarzen Löcher in die Geschichte ein.

Wie bereits erwähnt, waren aus unserer heutigen Sicht die meisten von Michells Einzelheiten falsch. Licht besteht nicht aus kleinen massiven Teilchen, und selbst wenn, ließ sich die Newton'sche Form der kinetischen Energie, die er benutzte, auf Objekte mit Lichtgeschwindigkeit nicht anwenden. Auch wissen wir heute, dass das Licht unter dem Einfluss der Schwerkraft nicht wieder «herunterfällt», sondern dass es die Schwerkraftquelle umkreist. Aber die Idee, dass die Schwerkraft stark genug werden könnte, um selbst Licht einzusperren – diese Idee war vollkommen richtig und zeigte, selbst angesichts unseres weiteren Blicks von höheren Schultern, eine großartige Einsicht in die Gesetze der Natur.

Nur zwölf Jahre später hatte Pierre-Simon Marquis de Laplace in Frankreich ganz ähnliche Gedanken. Er war sicher einer der größten Mathematiker aller Zeiten; die moderne Mathematik, die Wahrscheinlichkeitsrechnung und auch die mathematische Physik ist ohne seine Beiträge kaum vorstellbar. Laplace wies auf die Möglichkeit hin, dass ein Stern unter dem Einfluss der Schwerkraft kollabieren und dabei einen Himmelskörper erzeugen könnte, der kein Licht entkommen lässt. Ein deutscher Gelehrter, Franz Xaver von Zach, der diese Ideen gelesen hatte, bat Laplace um einen mathematischen Beweis; der kam der Bitte nach, und so erschien die erste Arbeit über schwarze Löcher 1799 auf Deutsch in den *Allgemeinen Geographischen Ephemeriden*, der von einer Gesellschaft von Gelehrten in Gotha herausgegebenen astronomischen Zeitschrift. Der Titel der Abhandlung lautete:

Beweis des Satzes, dass die anziehende Kraft bey einem Weltkörper so gross seyn könne, dass das Licht davon nicht ausströmen kann,

und ihr Autor war ein gewisser Peter-Simon Laplace. Aber diese Vorstellungen waren ihrer Zeit weit voraus. Die Idee eines dunklen Sterns schien so weit von der Wirklichkeit entfernt, dass keiner sie weiterverfolgte. Das Universum war doch voll von leuchtenden Sternen; der

Gedanke, dass es auch andere geben könnte, die alles Licht absorbieren und nichts zurückgeben, erschien als recht abartig.

Die schwarzen Löcher wurden in unser Denken zurückgebracht durch den deutschen Astrophysiker Karl Schwarzschild, der Professor in Göttingen und später Leiter des Astrophysikalischen Observatoriums in Potsdam war. Einen Monat nach Einsteins Veröffentlichung seiner allgemeinen Relativitätstheorie hatte Schwarzschild bereits die ersten exakten Lösungen der Einstein'schen Gleichungen bestimmt und diese 1916 veröffentlicht. Kurz danach starb er an den Folgen einer Krankheit, die er sich als deutscher Soldat an der Ostfront zugezogen hatte. Seine Ergebnisse aber bilden die Grundlage für unser Verständnis der schwarzen Löcher und ihrer seltsamen Eigenschaften.

Nach Einsteins Vorstellung deformieren massive Sterne in ihrer Umgebung Raum und Zeit. Aus der Ferne ist die Auswirkung eines schwarzen Lochs ganz ähnlich der eines schweren Sterns; aber je näher man herankommt, desto stärker wird die Deformierung, und ab einer bestimmten Entfernung vom Zentrum ist die Schwerkraft stark genug, um zu verhindern, «dass Licht ausströmen kann»; es wird jetzt immer hineingezogen. Diese Entfernung ist der Raumzeithorizont des schwarzen Lochs, meist als Schwarzschild-Radius R_s bezeichnet. Er wächst mit der Masse M des Himmelskörpers, mit $R_s = 2GM/c^2$, wobei G die Schwerkraftkonstante und c die Lichtgeschwindigkeit sind. Alles, was in den durch R_s definierten Raumbereich eindringt, ist auf ewig aus der Außenwelt entfernt – es kann nie wieder entkommen und nicht einmal ein Zeichen nach draußen senden. Dieser Schwarzschild-Horizont ist besonders gefährlich, weil Eindringlinge durch nichts gewarnt werden; es gibt keine Ränder, Wände oder dergleichen. Man bemerkt nichts beim Eindringen, nichts hält einen auf, aber einmal drinnen, kommt man nie wieder heraus.

Um eine Vorstellung eines solchen unsichtbaren Horizonts zu bekommen, kann man sich eine eiserne Münze denken, die auf einem flachen Tisch liegt, dessen Oberfläche zu Reibung führt. In die Mitte dieses Tischs legen wir einen Magneten. Solange die Münze weit genug entfernt von diesem Magneten ist, hält die Reibung sie an ihrem Platz. Wenn ihr Abstand jedoch eine gewisse Grenze unterschreitet, zieht der Magnet sie zu sich hin.

Die Anziehung zwischen einer Münze und einem Magneten auf einer flachen, reibungsbehafteten Oberfläche

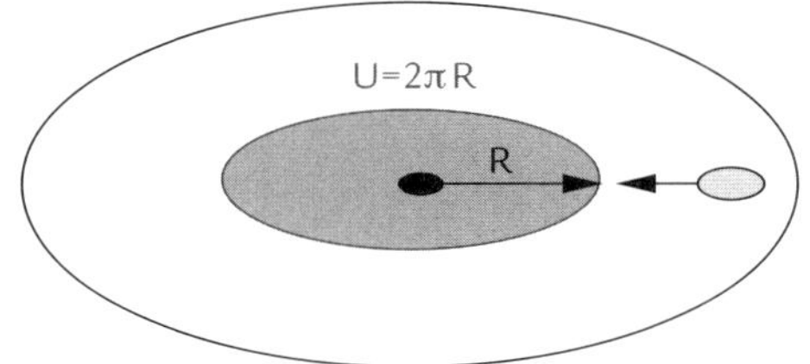

Um das Bild noch realistischer zu gestalten, müssen wir den Magneten so klein wie möglich machen, punktförmig, aber seine Anziehungskraft zum Mittelpunkt hin immer mehr zunehmen lassen. Der Grund dafür ist, dass das Innere des schwarzen Lochs, obwohl wir es nie sehen können, erwartungsgemäß überall leer ist, außer an einem Punkt unendlicher hoher Dichte in der Mitte. Hier wird die Schwerkraft nach den Gesetzen der klassischen Relativitätstheorie unendlich stark. Wir betonen hier «klassisch», weil bei kürzesten Abständen, «an einem Punkt», Quanteneffekte ins Spiel kommen sollten, und man weiß noch nicht, wie sich das auswirkt.

Bei dem Versuch, uns die Struktur eines schwarzen Lochs vorzustellen, dürfen wir allerdings nicht vergessen, dass nach der Relativitätstheorie die Schwerkraft verändernd auf die Geometrie einwirkt, und so müssen wir mit Begriffen wie Radius und Umfang vorsichtig umgehen. Der Schwarzschild-Radius definiert den von einem schwarzen Loch ausgefüllten Raumbereich, aber aus der Sicht eines weit entfernten Beobachters. Für diesen bestimmt der Radius die Größe des schwarzen Lochs, des Bereichs, aus dem kein Licht entkommen kann. Aber je näher wir herankommen, desto stärker wird die Schwerkraft und desto mehr wird der Raum selbst abgeändert. Zwei Geraden oder zwei Lichtstrahlen, die parallel zueinander verlaufen, nähern sich einander immer mehr, je dichter sie an das schwarze Loch herankommen, und an seinem Mittelpunkt treffen sie sich. Damit wird auch die übliche Vorstellung vom Radius als der Entfernung zwischen Rand und Mittelpunkt hinfällig.

Versuchen wir also, unser Bild von Münze und Magneten in die

Geometrie der allgemeinen Relativitätstheorie zu übertragen. Unser Tisch ist jetzt nicht mehr flach; er hat ein tiefes Loch in der Mitte, und die Oberfläche fällt dorthin entsprechend ab. Wenn wir jetzt die Münze auf diese abfallende Oberfläche legen, wird die Reibung sie wieder bis zu einer gewissen Entfernung vom Mittelpunkt festhalten. Kommt sie aber noch dichter heran, wird sie ins Loch rutschen.

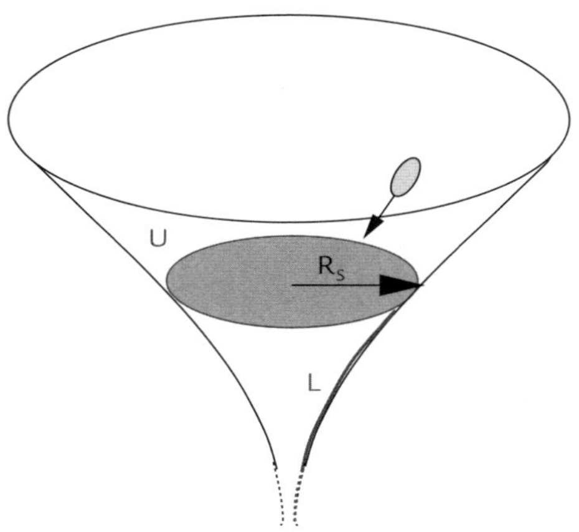

Die Anziehung einer Masse in ein schwarzes Loch; der Schwarzschild-Radius R_s bestimmt nicht den Abstand L vom Zentrum.

Wir können wieder einen Kreis um den Mittelpunkt ziehen, $U = 2\pi\, R_s$, der den Beginn des Abrutschens bestimmt. Aber während auf dem flachen Tisch an diesem Punkt die Münze um den Abstand R vom Zentrum entfernt war, ist das jetzt nicht mehr der Fall. Das Loch wird immer tiefer, und das Zentrum kommt nie näher. Umkreis und Entfernung vom Zentrum sind nicht mehr durch die «ebene» Gleichung $U = 2\pi\, R$ bestimmt. Der Schwarzschild-Radius R_s definiert den Bereich des schwarzen Lochs nur für ferne Betrachter; die Weglänge L vom Rand bis zum Zentrum wird unendlich.

An dieser Stelle können wir eine später noch sehr nützliche Feststellung machen. Für unsere Münze (bzw. die Masse) findet die Bewegung im zweidimensionalen Raum statt, auf einer Fläche. Für uns aber, für unsere Vorstellung, ist es leichter, sich das Ganze als in einen dreidimensionalen Raum eingebettet zu denken, mit einem trichterförmigen Loch zur Tischmitte. Wir dürfen dabei allerdings nicht vergessen, dass die dritte Dimension für die Münze fiktiv ist – sie kommt nie aus ihrer zweidimensionalen Welt heraus. Für sie entsteht durch die Hinzunahme der dritten Dimension ein *Hyperraum*. Wir werden diese Vorstellung später wieder aufnehmen, denn auch wir können uns ja zu unseren drei Raumdimensionen noch weitere hinzudenken – wir können sie nur nie betreten.

Die in ein schwarzes Loch fallende Münze ersetzen wir nun durch eine Funkuhr, die zehn Signale pro Sekunde sendet. Ein kurz über dem Loch stationiertes Raumschiff, das ständig mit Raketenkraft ein Hineinfallen verhindert, empfängt diese Signale und stellt fest, dass die Intervalle zwischen zwei aufeinanderfolgenden Pulsen immer größer werden, bis schließlich kein Signal mehr kommt – die Uhr ist jetzt innerhalb des Schwarzschild-Radius. Aber es scheint so, als ob die Uhr ewig braucht, um hineinzufallen, und irgendwann schafft es kein Signal mehr hinauszuklettern. Die fallende Uhr selbst jedoch erreicht in kurzer Zeit das Zentrum des schwarzen Lochs.

Und angesichts dessen müssen wir unsere Behauptung ändern, dass einem beim Eintritt ins schwarze Loch nichts geschieht und nichts auffällt. Die Schwerkraft nämlich steigt umgekehrt proportional zum Abstand vom Mittelpunkt, und das erzeugt

die Kraft der Tiden.

Die Anziehungskraft des Mondes ist auf der Erde am größten an dem Punkt, der dem Mondstand gegenüberliegt. Wenn sich dort ein Meer befindet, wird das Wasser in Richtung Mond gezogen; es hebt sich, zieht sich von den umliegenden Küsten zurück und erzeugt dort Ebbe. Auf der gegenüberliegenden Seite der Erde ist die Schwerkraft am geringsten; auch hier steigt wieder das Wasser, und so erfahren die dort liegenden Küstengebiete gleichfalls eine Ebbe.

Verfolgen wir jetzt das Schicksal eines Unglücklichen, der in ein schwarzes Loch fällt. Je kleiner das Loch ist, desto größer ist die Schwerkraft am Schwarzschild-Radius. Daraus folgt, dass ein «typisches» schwarzes Loch, von einigen zehn Sonnenmassen, bereits weit außerhalb des Schwarzschild-Radius Tidenkräfte von einer Stärke erzeugt, die einen Menschen durch den Kraftunterschied zwischen Kopf und Füßen zerreißen würden. Bei riesigen schwarzen Löchern hingegen, mit Millionen von Sonnenmassen, unterscheiden sich die Tidenkräfte kurz außerhalb und kurz innerhalb des Schwarzschild-Radius kaum voneinander. Wenn wir davon sprachen, dass beim Erreichen dieser Grenze nichts Besonderes passiert, war gemeint, dass die Tidenkräfte schon weit vorher tödlich sein können oder den Eindringling auch nach Passieren der Grenze kaum stören. Welches dieser beiden Extreme zum Zuge kommt, hängt von der Masse des Lochs ab. Nichtsdestotrotz wird jedes ausgedehnte Objekt auf seiner Reise zum Zentrum irgendwann den Punkt erreichen, wo die Tidenkräfte stark genug werden, um es zu zerreißen. Das Ende von allem im Innern des schwarzen Lochs ist immer Zerstörung, genauer genommen, «Spaghettifizierung», die Erzeugung langer, dünner, auf den Mittelpunkt hinweisender Bänder.

Um den Ursprung der sogenannten *Singularität* am Mittelpunkt des schwarzen Lochs zu verstehen, dem Punkt, wo die Stärke der Schwerkraft unendlich zu werden scheint, müssen wir auf die Entstehung solcher Gebilde zurückkommen. Sobald der Kernbrennstoff eines Sterns aufgebraucht ist, sodass der Hitzedruck die Schwerkraft nicht mehr kompensieren kann, wird der Stern, so die allgemeine Relativitätstheorie, innerhalb sehr kurzer Zeit implodieren, kollabieren. Das Ende dieses Vorgangs hängt von seiner Masse ab. Mit Abnahme des Sternenvolumens steigt natürlich die Massendichte, und an einem bestimmten Punkt erreicht sie die normale Kerndichte. Kerne sind stabile Gebilde, weil die anziehenden Kernkräfte, die die Protonen und Neutronen zusammenbringen, bei ganz kurzen Abständen abstoßend werden; in anderen Worten, man kann ein System solcher Nukleonen nur bis zu einer bestimmten Dichte komprimieren. Ein Kern ist somit ein Kompromiss zwischen den anziehenden und den abstoßenden Teilen der Kernkräfte. Die zusätzliche Schwerkraft in Sternen bringt etwas mehr Kompression, aber irgendwann ist eine kritische Dichte erreicht, die sich nicht mehr überbieten lässt. Wenn wir die Masse M eines Kandidaten kennen, können wir seinen Schwarzschild-Radius $R_s = 2GM/c^2$ benutzen, um seine Massendichte zu bestimmen, also M/V_s, wobei $V_s = 4\pi R_s^3/3$ das Schwarzschild-Volumen ist. Diese Dichte verhält sich wie $1/M^2$. Wenn nun M zu klein ist, wäre die Dichte im Schwarzschild-Volumen größer als die kritische Kerndichte. Die Abstoßung der Nukleonen (Protonen und Neutronen) verhindert deshalb, dass diese Dichte erreicht wird. Die Evolution des kollabierenden Sterns endet dann in einem Zustand von maximal komprimierten Neutronen, einem *Neutronenstern*. Dieses Schicksal erwartet man für Sterne mit bis zu einigen Sonnenmassen.

Ist die Sternenmasse hingegen genügend groß, zehn oder mehr Sonnenmassen, dann beträgt der Schwarzschild-Radius 30 km oder mehr und die Dichte im Schwarzschild-Volumen bleibt unterhalb der kritischen Kerndichte. Der Kollaps geht weiter, und irgendwann landet alle Materie an einem «Punkt» in der Mitte des schwarzen Lochs. Wie «groß» dieser Punkt ist und wie es der Schwerkraft gelingt, die Abstoßung der Kernkräfte zu besiegen – diese Fragen bringen uns heute noch an die Grenzen unseres Verständnisses. Die allgemeine Relativitätstheorie, als Theorie der klassischen Physik, erlaubt ein Kollabieren bis auf einen Punkt, führt demnach auf eine Singularität. Aber wir wissen aus anderen Bereichen der Physik, dass bei sehr kurzen Abständen Quanteneffekte ins Spiel kommen, die eine grundlegende Modifikation der klassischen Physik erforderlich machen. Die Quantentheorie mit ihrem Unbestimmtheitsprinzip verbietet die gleichzeitige Bestimmung der Position und der Energie von Teilchen. Von einer bestimmten Masse an einem bestimmten Punkt zu sprechen, ist in der Quantenphysik nicht wirklich sinnvoll. Was man braucht, ist eine Erweiterung der Schwerkraft in den Quantenbereich, eine *Quantengravitation*, und deren Formulierung ist eine bisher unerfüllte Forderung an die Physik geblieben.

Die bahnbrechenden Arbeiten von Einstein und Schwarzschild sind noch keine hundert Jahre alt. Zunächst wurden schwarze Löcher als Auswüchse der menschlichen Vorstellungskraft betrachtet, als mathematische Kuriositäten, aber gewiss nicht als Wirklichkeit. Dass ein kollabierender Stern zu so etwas wie einem schwarzes Loch führen würde, erschien sehr unwahrscheinlich, da Unregelmäßigkeiten in seiner Struktur ein doch mehr chaotisches Zerbrechen auslösen sollten und nicht die perfekte Kugelsymmetrie eines schwarzen Lochs. Erst um 1960 konnten Stephen Hawking und Roger Penrose in Cambridge zeigen, dass selbst der unregelmäßigste Stern ein perfektes schwarzes Loch bilden würde, mit einem durch seine Masse bestimmten Schwarzschild-Radius. Daraufhin wurde klar, dass schwarze Löcher überhaupt nur drei Eigenschaften haben können: Masse, Drehimpuls oder Spin und Ladung. Ihr Radius folgt dann aus den Einstein'schen Gleichungen. Der amerikanische Physiker John Wheeler, dem man auch die Einführung der Bezeichnung «schwarzes Loch» zuschreibt, hat die Situation mit den Worten zusammengefasst, dass «schwarze Löcher keine Haare haben»; sie haben ausschließlich die drei erwähnten Eigenschaften.

Dem lässt sich hinzuzufügen, dass auch die kleinsten Bestandteile der Materie, die Elementarteilchen, kein Haar haben, sondern ebenfalls nur Masse, Spin und Ladung, Letztere allerdings in etwas allgemeinerer Form. Wir kommen darauf in Kapitel 5 zurück, können an dieser Stelle aber schon auf einen kritischen Unterschied in unserem Verständnis der beiden Welten hinweisen. Für die Physik der schwarzen Löcher haben wir die klassische Theorie, Einsteins Gleichungen, wie auch ihre Lösung; aber es gibt noch keine quantentheoretische Formulierung. In der Elementarteilchenphysik, speziell im Bereich der Kernkräfte, gibt es heute das Gegenstück zu den Einstein'schen Gleichungen, die Quantenchromodynamik (QCD), aber (noch) keine analytische Lösung. Somit wissen wir nicht, ob die Elementarteilchen, mit den darin enthaltenen und unwiderruflich eingesperrten Quarks, so etwas Ähnliches bilden wie schwarze Löcher der Kernkraft.

Wie kann man nachweisen, dass es in unserem Universum tatsächlich schwarze Löcher gibt? Da sie ja nicht leuchten, können wir nur den Effekt ihrer Schwerkraft auf die Umgebung feststellen. Ein Vorschlag in dieser Richtung beschreibt die Bewegung der Sterne in unserer Galaxie als Auswirkung eines extrem massiven schwarzen Lochs in ihrer Mitte. Eine andere Möglichkeit basiert auf der Tatsache, dass schwarze Löcher alles absorbieren, was in den Bereich ihrer Schwerkraft gerät. Wenn nun ein schwarzes Loch und ein normaler Stern dicht beieinander sind – das kann passieren, wenn in einem Doppelstern der eine Partner kollabiert und ein schwarzes Loch bildet –, dann wird das Material des leuchtenden Sterns in das begleitende schwarze Loch abgesaugt, wodurch ein charakteristisches Strahlungsmuster entsteht. Das Doppelsternsystem Cygnus X-1 scheint so etwas zu zeigen.

Auf jeden Fall sind die Experten auf diesem Gebiet heute davon überzeugt, dass unser Universum Milliarden von schwarzen Löchern enthält, deren Größen von extrem massiv (ein Milliardenfaches der Sonnenmasse) bis hin zu stellaren Werten (etwa das Zehnfache der Sonnenmasse) variieren und die verteilt sind auf die Milliarden von Galaxien des Universums. Es gibt wohl wirklich unglaublich viele Zimmer, die wir nicht betreten dürfen. Wir können nur zuschauen, wie sie Sterne kreisen lassen oder wie sie Gaswolken vertilgen. Das scheint alles zu sein – oder sind nicht vielleicht doch noch direktere Hinweise zu finden? Stephen Hawking hat durch eine großartige Verknüpfung des ganz Großen und des ganz Kleinen, von Relativitätstheorie und Quantenphysik, gezeigt, dass es da eine Chance gibt. Schwarze Löcher strahlen. Erste Hinweise darauf hatte der russische Astrophysiker Yakov Zeldovich gegeben, als er meinte, dass rotierende schwarze Löcher strahlen müssten. Hawking hat dann gezeigt, dass sie alle strahlen, ob rotierend oder nicht.

Aber diese Strahlung ist von einer seltsamen Art, und um sie zu verstehen, müssen wir zunächst näher untersuchen, was eigentlich der «leere Raum» ist, in dem wir uns die schwarzen Löcher vorstellen. Er ist nicht «nichts», er ist

der See der ungeborenen Teilchen,

in dem sich, wie wir heute wissen, vieles verbirgt.

Ein Traum kann nicht zu nichts werden, wenn er einmal geträumt wurde. Aber wenn der Mensch, der ihn geträumt hat, ihn nicht behält – wo bleibt er dann? Hier bei uns in Phantasien, dort unten in der Tiefe unserer Erde. Dort lagern sich die vergessenen Träume ab in feinen Schichten, eine über der anderen. Ganz Phantasien steht auf Grundfesten aus vergessenen Träumen.

Michael Ende, *Die unendliche Geschichte*

Bastian Balthasar Bux, der kleine Junge in Michael Endes *Unendlicher Geschichte*, hatte ein großes Problem: Woher kam er, wer war er? Er fand schließlich die Lösung und seine Rettung in der Grube Minroud, wo alle vergessenen Träume der Menschheit sorgfältig aufbewahrt wurden. In der heutigen Physik gibt es ein Gegenstück zu dieser Grube, einen See, in dem alle noch nicht geträumten Träume liegen. Dieser sogenannte «Dirac-See» enthält alle möglichen Teilchen, die bisher noch nicht Wirklichkeit geworden sind. Es lohnt sich, das etwas näher zu betrachten.

Als die Philosophen des Altertums den leeren Raum als den fünften Zustand der Materie betrachteten, eben als *Quintessenz*, lagen sie nach unseren heutigen Vorstellungen absolut richtig. Das Einzige, das den leeren Raum davon abhält, Materie zu werden, ist fehlende Energie. Materie bedeutet das Vorhandensein von Masse, und nach Einsteins $E=mc^2$ wissen wir, dass Masse und Energie nur zwei Formen derselben Sache sind. In der Wüste gibt es Blumen, die als grauer Staub monatelang überleben; wenn dann endlich Regen fällt, blühen sie plötzlich aufs Schönste. Auf vergleichbare Weise bleibt das Vakuum leerer Raum, bis ihm irgendwann, irgendwie, von irgendwoher Energie zugeführt wird. Dann erscheint ein Paar wirklicher Teilchen, zum Beispiel ein Elektron und sein positiv geladener Partner, das Positron. Wenn die deponierte Energie ausreicht, werden die beiden Teilchen Wirklichkeit. Leerer Raum plus Energie gleich Materie. Die Gesamtladung bleibt null, da das Vakuum keine Ladung hatte. Ähnliches gilt für den Gesamtimpuls, was gewisse Anforderungen an die Form der Energiezufuhr mit sich bringt.

Mit Hilfe dieser Vorstellungen hat 1930 der britische Physiker Paul Dirac eine Theorie entwickelt, nach der das Vakuum so etwas ist wie ein See, unter dessen Oberfläche virtuelle Teilchen schwimmen. Sie haben nicht die Kraft, an die Oberfläche zu kommen und damit wirklich zu werden. Diese Kraft müssen wir ihnen durch Energiezufuhr geben. Dirac war ursprünglich zu diesem Bild gekommen, um ein Problem zu lösen, auf das er bei der Suche nach einer relativistischen Gleichung für die Elektronenbewegung gestoßen war. Seine Gleichung gab ihm nicht nur die gewünschten Elektronen, sondern auch Teilchen mit anscheinend negativer Energie. Diese «Anti-Elektronen», unsere heutigen Positronen, verbannte er ins Vakuum, unter das Energieniveau wirklicher Existenz. Nur zwei Jahre später entdeckte der amerikanische Experimentator Carl Anderson das fehlende Glied, das Positron, und stellte damit die Symmetrie von Diracs Welt wieder her. Heute können wir uns das Vakuum vorstellen als einen See unendlich vieler positiv und negativ geladener Teilchen, alle Teilchen dieser Welt, denen nur die Energie fehlt, um wirklich zu werden: der leere Raum als Dirac-See.

Wir können dieses Bild weiterentwickeln. Wie tief sind die Teilchen unter Wasser? Das hängt von ihrer Masse ab. Wenn wir das Energieniveau des leeren Raums als null definieren, müssen wir die Energie von zwei Elektronenmassen, $2m_e$, einbringen, um ein Elektron-Positron-Paar aus dem See zu holen. Es muss ja ein Paar sein, um die Gesamtladung null sein zu lassen; auch Energiezufuhr darf das nicht ändern. Wenn wir auf größere Fische aus sind, etwa auf ein Proton-Antiproton-Paar, müssen wir die doppelte Protonmasse an Energie deponieren. Man zahlt nach Gewicht.

An diesem Punkt jedoch wird die Quantentheorie unerlässlich. Wir kommen im Kapitel 5 detaillierter darauf zurück; hier wollen wir uns nur auf einen der wohl wichtigsten Aspekte berufen, auf das *Unbestimmtheitsprinzip*, das 1927 von Werner Heisenberg aufgestellt wurde – einem Theoretiker, ohne den die Quantenphysik kaum vorstellbar ist. Um ein kleines Teilchen zu beobachten, müssen wir Licht von einer Wellenlänge benutzen, die der Teilchendimension entspricht; deshalb benötigen wir Kurzwellenstrahlung, um die Gitterstruktur von Kristallen zu erkennen. Kurze Wellen bedeuten hohe Frequenz, und das wiederum erhöht Energie und Impuls der Strahlung. Wenn solche Strahlung auf ein Teilchen trifft, gibt sie ihm einen Stoß. Das führt zu einem Dilemma: Um die Position des Teilchens möglichst genau zu bestimmen, muss das Licht eine möglichst hohe Frequenz haben, was seinerseits seinen Impuls wesentlich verändern wird. Wir haben demnach die Wahl zwischen genauer Positionsbestimmung, kennen dann aber den Impuls nur sehr ungenau, oder umgekehrt genauer Impulsbestimmung ohne präzise Information über den Aufenthaltsort. In der Sprache der Quantenphysik sind somit Ort und Impuls *komplementär:* Man kann entweder das eine oder das andere genau bestimmen. Das Produkt der Messunsicherheit der beiden Größen fällt nie unter einen bestimmten Wert, die Planck-Konstante h; genau genommen $\hbar = h/2\pi$. Auf ähnliche Weise sind Energie und Zeit komplementär, die Messunsicherheiten beeinflussen einander auf dieselbe Weise. Aus dem Unbestimmtheitsprinzip entnehmen wir, dass Aussagen wie «Der Raum ist leer, die Energie ist null» durchaus ihre Grenzen haben.

Im Fall der Teilchen in der Tiefe des Dirac-Sees ist die Energieunbestimmtheit $2m$, wobei m die Teilchenmasse ist; $2m$ ist genau der Energieunterschied zwischen dem leeren Raum und einem Raum mit zwei Teilchen. Wir können daher nur behaupten, dass der Raum für Zeitspannen größer als $\hbar/2m$ leer ist. Für kürzere Intervalle kann ein Teilchenpaar flüchtig an der Oberfläche erscheinen und dann wieder untertauchen. Für diesen Zeitraum hat es sich die notwendige Energie aus dem Umfeld geliehen; aber das ist eine Anleihe mit extrem kurzer Laufzeit und muss nach $\hbar/2m$ wieder zurückgezahlt sein. Physiker sprechen hier von Quantenfluktuationen, die auf Paarerzeugung und Vernichtung führen. Wegen der extremen Kleinheit der Planck'schen Konstante ist die Lebensdauer des Paars in der wirklichen Welt unvorstellbar kurz, etwa 10^{-22} Sekunden, sodass wir es gewisslich nicht sehen können. Trotzdem aber gibt es Situationen, in denen solche Vorgänge Bedeutung erlangen. Wenn irgendeine äußere Kraft plötzlich eines der beiden Teilchen einfängt und entfernt, steht dem anderen kein «Partner» mehr für den Vernichtungsprozess zur Verfügung; es muss daher in der Wirklichkeit weiterexistieren. Den Energiepreis dafür muss die äußere Kraft zahlen.

Eine besonders interessante Anwendung dieser Überlegungen bilden die schwarzen Löcher, für die Stephen Hawking 1975 eine der bemerkenswertesten Vorhersagen der Astrophysik machte, bis heute eine der wenigen, in der sich Schwerkraft und Quantentheorie treffen: Über die Erzeugung virtueller Paare, Elektronen oder auch Photonen, können schwarze Löcher im Prinzip Strahlung in die Außenwelt schicken. Ein warnendes Wort: Der aufmerksame Leser wird die einschränkende Wendung «im Prinzip» bemerkt haben. Bisher wurde noch keine Hawking-Strahlung beobachtet, und wir wissen auch, warum nur

unsichtbares Licht am Horizont

verbleibt. Stellen wir uns ein schwarzes Loch vor, irgendwo im interstellaren Raum. Wir wissen, dass in der tatsächlichen Welt dieser Raum nicht wirklich leer ist, dass dort die vom Urknall übrig gebliebene kosmische Mikrowellenstrahlung umherfliegt. Aber wir nehmen einmal an, dass es die nicht gibt und dass der Raum wirklich leer ist (was natürlich nicht stimmt, und wir werden für diese Annahme gleich auch noch bestraft). Im wahrhaft leeren Raum befindet sich unser schwarzes Loch demnach in dem Dirac-See der ungeborenen Teilchen. Elektron-Positron-Paare springen heraus, vernichten sich und verschwinden rasch wieder. Wenn das nun nahe der Oberfläche des schwarzen Lochs passiert, können die Tidenkräfte das Paar zerreißen, einen Partner packen und ihn ins Innere, in den Bereich ohne Wiederkehr, ziehen. Der andere ist dann noch draußen, ohne Vernichtungsmöglichkeit, und so muss er in der Realität bleiben. Ein Partner des virtuellen Paares befindet sich nun im schwarzen Loch, der andere im realen Raum. Auf Quantenebene heißt das, dass schwarze Löcher strahlen: Ein entfernter Beobachter sieht von dem ganzen Vorgang nur das draußen verbleibende, vom schwarzen Loch kommende und scheinbar von dort emittierte Elektron. Schwarze Löcher sind demnach nicht wirklich «tot»; sie versenden die Quantensignale der aufgebrochenen virtuellen Paare. Dies wird heute als Hawking-Strahlung bezeichnet – bisher noch nie beobachtet, eine verbleibende Herausforderung an die menschliche Forschungskraft. In einem wahrlich leeren Raum müsste ein ferner Beobachter jedes schwarze Loch umgeben vom Heiligenschein dieser Strahlung sehen.

Wie ist solche Strahlung möglich? Wir hatten ja festgestellt, dass kein Lichtstrahl, keine Information den Raumzeithorizont eines schwarzen Lochs passieren und an die Außenwelt gelangen kann. Welchen Preis muss die Hawking-Strahlung bezahlen, um hinausgelassen zu werden? Die Antwort ist einfach: Die Strahlung muss so geartet sein, dass sie keinerlei Information über das Innere nach außen tragen kann. In der Sprechweise der Physik heißt das, sie muss stochastisch sein, thermisch, zufallsbestimmt.

Informationsübertragung bedeutet die Übermittlung von geordneten Zeichenfolgen, deren Ordnung dem Empfänger etwas sagt. Diese Zeichen können Wörter sein, Buchstaben, Zahlenfolgen oder Strichfolgen wie auf den Warenetiketten im Supermarkt. Die Information ist immer enthalten in der Anordnung der Zeichen. Das sinkende Schiff ruft mit dem Morse-Signal «...–––...» um Hilfe, wobei drei kurz S und drei lang O bedeutet. Verschlüsselte Militäranweisungen sind nur geheim, solange der Feind die Anordnung der Zeichen nicht entschlüsseln kann. Daraus ersieht man, wie ein Signal informationsleer sein kann. Nehmen wir die Zahlen eins bis zehn und bilden willkürliche Folgen daraus. Für einen Menschen ist das nicht so einfach, denn es können unbewusste Vorurteile ins Spiel kommen wie etwa eine Vorliebe für ungerade oder für Primzahlen. Aber wir können einen Zufallszahlengenerator benutzen, der tatsächlich willkürlich Zahlen auswählt. Ein derartiges Gerät tritt regelmäßig in Erscheinung, um die Gewinnzahlen beim Lotto zu bestimmen (jedenfalls hoffen wir das). Wenn wir nun unsere Signale auf diese Weise erzeugen, dann lernt der Empfänger daraus nur, wie groß unsere Zahlenmenge ist. Und dass wir in der Lage sind, Zufallszahlen zu erzeugen.

Eine thermische Strahlenquelle ist von dieser Art. Wenn die

Gesamtenergie festgelegt ist, kann sie eine riesige Anzahl von verschiedenen Signalen aussenden, Wellen verschiedener Frequenzen, eingeschränkt nur durch die verfügbare Energie. Wir nennen ein System thermisch oder stochastisch, wenn es aus dieser Riesenmenge die versendeten Signale willkürlich auswählt – anders gesagt, wenn es sie erwürfelt. Bei vorgegebener Energie gibt es mehr Zustände in einigen Energieintervallen als in anderen. Wir können nach Empfang eine Verteilung über die Signalenergien aufstellen. Das führt dann an irgendeinem Wert zu einem Maximum – dort liegen die meisten –, und wir können dieses Maximum benutzen, um die Temperatur des Systems zu definieren. Das ist die einzige Information, die wir der Strahlung entnehmen können.

Diese Form der Strahlung ist recht idealisiert. Ein wirklicher Stern enthält verschiedene Elemente: Wasserstoff, Helium und andere. Die Atome dieser Elemente emittieren und absorbieren Licht bestimmter und bekannter Frequenzen. Durch Betrachtung des Lichts solcher Sterne erfahren wir mehr als nur ihre Temperatur – wir wissen auch, welche Elemente sie enthalten. Unsere idealisierte Form entspricht dem, was die Physiker als Hohlraumstrahlung bezeichnen, ein System, das alle Frequenzen gleich gut absorbiert und emittiert, ohne Spektrallinien. Die Strahlung aus schwarzen Löchern ist genau von dieser Form, sie ist vollständig bestimmt durch die Temperatur. Nehmen wir einfachheitshalber an, dass unser schwarzes Loch weder Spin noch Ladung hat. Dann ist die Masse die einzige Eigenschaft des schwarzen Lochs, und so muss seine Temperatur durch diese Masse *M* bestimmt sein. Hawking hat gezeigt, dass sie umgekehrt proportional zu *M* ist,

$$T_{Hawking} = \frac{\hbar c^3}{8\pi kGM}\,.$$

Hier ist G die universelle Schwerkraftkonstante, $\hbar$ die Planck'sche Konstante, c die Lichtgeschwindigkeit und k die Boltzmann-Konstante, die Energie und Temperatur verbindet. Das Auftreten dieser vier Konstanten ist sehr informativ. Die Strahlung ist thermisch, daher das k; durch Schwerkraft erzeugt, daher das G; und entstanden durch ein Zusammenspiel von Quantentheorie und Relativitätstheorie, daher das $\hbar$ und das c. In einer klassischen Welt mit $\hbar = 0$ gäbe es keine Hawking-Strahlung.

Wie hoch ist diese Temperatur? Nehmen wir ein schwarzes Loch von zehn Sonnenmassen und setzen die Werte der Naturkonstanten ein. Das Ergebnis ist etwa ein Milliardstel Grad Kelvin – nicht besonders heiß. Die Wellenlänge der Strahlung hängt von der Temperatur der Quelle ab; daher verschiebt sich durch Erhitzen die Strahlung von Infrarot zu Ultraviolett. Die Wellenlänge von typischer Hawking-Strahlung ist hier durch die Größe des schwarzen Lochs bestimmt und erreicht mithin mehr als zehn Kilometer.

Jedes schwarze Loch wird also thermische Quantenstrahlung emittieren. Die Strahlung ist thermisch – durch die Messung vieler abgestrahlter Elektronen lässt sich lediglich die Temperatur und mithin die Masse des schwarzen Lochs bestimmen – nichts sonst. Es handelt sich um Quantenstrahlung, weil sie aus Quantenfluktuationen hervorgeht, aus virtuellen Paaren, deren einer Partner durch die Schwerkraft gefangen wurde. Aber selbst schwarze Löcher müssen den Energiepreis zahlen: Das nach «draußen» abgestrahlte Elektron nimmt eine Elektronenmasse m_e mit, und die fehlt jetzt in der Masse des schwarzen Lochs, das nach der Emission die Masse $M - m$ hat. Da M um so viel größer als m ist, fällt das natürlich nicht auf. Oft genug wiederholt, können aber auch kleine Aktionen große Auswirkungen haben: Irgendwann wird das schwarze Loch auf diese Weise verdampfen. Mit abnehmender Masse wird es immer kleiner und immer heißer, und am Ende wird es verschwunden sein.

Glücklicherweise, zumindest für die Freunde schwarzer Löcher, beruht diese ganze Geschichte auf einer unhaltbaren Annahme. Wir hatten gefunden, dass die Hawking-Strahlung eines stellaren schwarzen Lochs von etwa zehn Sonnenmassen auf eine Strahlungstemperatur von einem Milliardstel Grad Kelvin führt. Und wir hatten angenommen, dass sich dieses schwarze Loch im leeren Raum befindet. In Wirklichkeit aber ist dieser Raum angefüllt mit der aus dem Urknall verbliebenen kosmischen Mikrowellenstrahlung von etwa drei Grad Kelvin. Das schwarze Loch ist nicht etwa ein heißes Objekt in einer kalten Welt, abstrahlend und dadurch verdampfend, sondern vielmehr ein relativ kaltes Objekt in einer relativ heißen Welt, in der es die Mikrowellenstrahlung absorbiert und somit an Masse und Größe zunimmt. Diese Zunahme würde erst dann aufhören, wenn die fortdauernde Expansion des Weltraums die kosmische Mikrowellentemperatur unter den Wert der Hawking-Temperatur sinken ließe. Seit der Photon-Entkopplung, relativ kurz nach dem Urknall, ist die Mikrowellentemperatur um einen Faktor tausend gefallen. Dass sie nun noch um einen weiteren Faktor 10^9 abfällt – das wird sich noch etwas hinziehen.

Um eine höhere Hawking-Temperatur zu erreichen, müsste das schwarze Loch kleiner und leichter sein, und in der stellaren Welt ist das kaum möglich. Bei seiner Entstehung muss die kontrahierende Schwerkraft stärker sein als alle ihr entgegenwirkenden Kräfte. Hier führt der letzte Widerstand zu Neutronensternen, wie wir bereits gesehen hatten. Sie entstehen, wenn die Schwerkraft die zur Atombildung führende elektromagnetische Kraft überwunden, die Elektronen in den Kern gepresst und so aus Protonen Neutronen gemacht hat. Jetzt besteht die Sternmaterie ausschließlich noch aus Neutronen, und die leisten einer weiteren Kompression massiven Widerstand. Nur genügend schwere Sterne können bis hin zum Schwarzschild-Radius komprimiert werden, ohne auf diesen Widerstand zu stoßen. Mithin enden leichtere Sterne als Neutronensterne; nur solche mit mehr als fünf bis zehn Sonnenmassen schaffen es zum schwarzen Loch. Und für diese liegt dann die Temperatur der Hawking-Strahlung viele Größenordnungen unter derjenigen der kosmischen Hintergrundstrahlung.

Daraus folgt, dass die Beobachtung der Hawking-Strahlung bei «normalen» schwarzen Löchern ausgeschlossen ist. Aber so leicht geben Physiker nicht auf. Wäre es nicht möglich, dass in unserem Universum noch kleinere, leichtere schwarze Löcher existieren, irgendwie kurz nach dem Urknall erzeugt und dann übrig geblieben? Damals war die Dichte der Materie vermutlich hoch genug, um auch kleinere Gebiete durch Schwerkraft zu schwarzen Löchern zusammenzupressen. Damit die Hawking-Strahlung solcher Objekte höher als die Hintergrundstrahlung ist, muss ihre Masse genügend klein sein. Andererseits, wenn diese «primordialen» schwarzen Löcher schon kurz nach dem Urknall entstanden sind, haben sie viel Zeit gehabt, um zu verdampfen. Die Frage ist, ob es je solche Objekte gegeben hat, mit einer gerade richtigen Masse, nicht zu schwer und nicht zu leicht, und ob und wie die es geschafft haben, bis heute zu überleben. Damit bleibt die Hawking-Strahlung für uns weiterhin ein unsichtbares Leuchten. Und nicht nur das: Quanteneffekte erscheinen normalerweise im Bereich des sehr Kleinen. Selbst ohne Hintergrundstrahlung: Ist es möglich, eine Quantenfluktuation von zehn Kilometer Wellenlänge zu erzeugen? Die Verbindung zwischen dem Großen und dem Kleinen bleibt rätselhaft.

4. Die Visionen des beschleunigten Raumfahrers

Hunefers Herz wird gewogen, Ägypten, 1300 v. Chr.

Eine ganz wesentliche Eigenschaft aller Körper ist ihr Gewicht: Bereits in den frühesten Kulturen hatte man Geräte, um dieses zu bestimmen. Die ältesten Waagen aus ägyptischen Grabkammern sind mehr als fünftausend Jahre alt. Um etwas von der Erdoberfläche anzuheben, brauchte man je nach Gegenstand mehr oder weniger Kraft, sodass eine Gewichtsbestimmung recht einfach war. Die Masse eine Körpers, genauer gesagt, seine Inertialmasse, ist schon eine etwas subtilere Vorstellung. Die Masse beschreibt den Widerstand des Objekts gegen Bewegung. Um uns den Unterschied von Masse und Gewicht klarzumachen, betrachten wir ein Pendel, bestehend aus einem Ball, der an einem Seil aufgehängt ist. Die Masse M gibt an, wie stark wir schieben müssen, um den Ball zu bewegen, das Gewicht W bestimmt die notwendige Stärke des Seils.

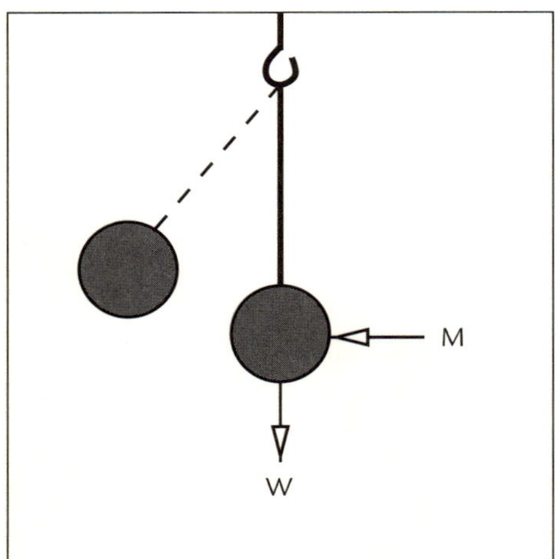

Die Masse M als Bewegungswiderstand, das Gewicht W als Effekt der Schwerkraft

Ist die Masse eines Körpers gleich seinem Gewicht? Das ist wieder eine dieser Fragen, die die Physik in ihrer heutigen Form begründet haben. Die Kraft, die man benötigt, um den Ball in Bewegung zu setzen, ist die gleiche auf der Erde, auf dem Mond oder im Weltraum. Die Rolle der Schwerkraft aber ist in diesen Fällen sehr unterschiedlich, und das Gewicht des Balls wird davon abhängen, wo es gemessen wird. Nichtsdestotrotz können wir Inertialmasse und Schwerkraftmasse als gleich betrachten, wenn die Schwerkraft einen massiven Körper genauso behandelt, wie eine andere Kraft dies tut. Um Letzteres zu überprüfen, muss man nachmessen, ob Körper verschiedener Masse in der gleichen Zeitspanne im Fallen die gleiche Entfernung zurücklegen. Die Schwerkraftbeschleunigung ist proportional zum Verhältnis von Masse und Gewicht (siehe Anmerkung A6). Galilei hatte in seinen berühmten Fallstudien gezeigt, dass diese Beschleunigung in der Tat für alle Körper gleich ist; mithin können wir die Einheiten so wählen, dass Masse und Gewicht gleich sind. Allerdings muss man sich klarmachen, dass dies eine Wahl für unser irdisches Umfeld ist. Ein Stein mit einer Masse von zehn Kilogramm hat diese hier auf Erden, auf dem Mond und überall anderswo. Mit unserer Wahl der Maßeinheiten wiegt er hier auf der Erde auch zehn Kilogramm. Aber auf dem Mond wiegt er viel weniger, und im Weltraum wiegt er nichts. Trotzdem legen auf dem Mond oder auf irgendeinem anderen Planeten alle fallenden Körper die gleiche Strecke in der gleichen Zeit zurück. Inertialmasse und Schwerkraftmasse sind Indikatoren für ein und dieselbe Sache: den Widerstand gegen eine Kraft. Das bezeichnet man oft als das Galilei'sche Äquivalenzprinzip: Die Anziehung durch die Schwerkraft ist eine Kraft wie jede andere; deshalb können wir durch die Wahl geeigneter Einheiten Masse und Gewicht hier auf Erden gleichsetzen.

Galilei hat diese Äquivalenz vor vierhundert Jahren formuliert. Vor etwa hundert Jahren hat Albert Einstein eine noch allgemeinere Formulierung vorgelegt, die von

Schwerkraft und Beschleunigung.

Hier auf der Erde erzeugt die Schwerkraft unser Gewicht. In einer den Weltraum mit konstanter Geschwindigkeit durchquerenden Rakete, fern von irgendwelchen Sternen, wären wir schwerelos, hätten wir kein Gewicht. Aber wenn diese Rakete plötzlich die Triebwerke einschalten und beschleunigen würde, dann würde uns das in «unseren Sitz drücken». Einstein schloss daraus, dass ein einsamer Raumfahrer in einer fensterlosen Rakete nicht feststellen könnte, ob diese Rakete auf der Erde steht, sich also in einem Schwerkraftfeld befindet, oder ob sie sich im Raum mit einer der irdischen Schwerkraft gleichen Beschleunigung bewegt. Einsteins Äquivalenz besagt, dass sich die Natur auf einem Himmelskörper mit vorgegebener Schwerkraft genauso verhält wie in einer Rakete mit äquivalenter Beschleunigung. Mit anderen Worten, man kann Schwerkraft durch Beschleunigung ersetzen. Bei geschlossenen Augen weiß man nicht, worum es sich handelt.

Andererseits, wenn man die Augen offen hält und zudem noch einige Messinstrumente mitbringt, kann man Einstein schlagen und feststellen, wo man ist. Zum einen führt ja die Schwerkraft auf einer Sternoberfläche zu den bereits erwähnten Tidenkräften: Die Anziehung auf die Füße ist stärker als die auf den Kopf, weil die Füße dem Zentrum näher sind. Mit einem genügend genauen Messinstrument könnte man das schon feststellen. Einsteins Äquivalenz setzt voraus, dass der Stern genügend groß ist, um Tidenkräfte zu vernachlässigen. Je größer der Stern, desto weiter ist man von seinem Zentrum entfernt und desto geringer wird der Schwerkraftunterschied zwischen Kopf und Füßen. Aber es gibt noch etwas anderes, eine andere Bestimmungsmethode, die wiederum auf einem fast unglaublichen Effekt beruht. Wie bei der Hawking-Strahlung handelt es sich um einen relativistischen Quanteneffekt und wie ebenfalls bei der Hawking-Strahlung bis heute lediglich um eine Vorhersage. Die Hawking-Strahlung ist zwar auch unerwartet. Aber der Effekt, den der junge kanadische Physiker William Unruh im Jahr 1976, fast gleichzeitig mit Hawking, formuliert hat – der klingt wie reine Sciencefiction.

Wir befinden uns auf einem Raumschiff im interstellaren Raum. Wie schon zuvor lassen wir die Hintergrundstrahlung außer Acht und nehmen an, dass der Raum wirklich leer ist, nichts enthält. Unser Raumschiff fliegt mit konstanter Geschwindigkeit dahin, wir fahren Detektoren aus und erhalten bestätigt: Draußen ist wirklich nichts, das Vakuum, leer und kalt. Jetzt werfen wir die Triebwerke an, beschleunigen und halten diese Beschleunigung konstant aufrecht. Und nun behaupten die Detektoren plötzlich, dass das da draußen kein leerer Raum ist, sondern ein heißes Gas. Da gibt es Photonen und Elektronen, die auf das Thermometer des Raumschiffs aufprallen und anzeigen, dass die Temperatur des angeblich leeren Raumes durchaus nicht null ist. Dann stellen wir die Beschleunigung ein, und der Spuk ist vorbei – der leere Raum ist wieder kalt und leer.

Was ist nun Wirklichkeit? Ist es da draußen kalt und leer, oder ist es ein heißes Gas? Heiß genug, um ein Steak zu braten, meint Bill Unruh. Das ist zwar leicht übertrieben – die Unruh-Temperatur des Vakuums hängt, wie wir gleich sehen werden, von der Beschleunigung ab, und um Steaks zu braten, müsste diese Beschleunigung unvorstellbar groß sein.

Um den mysteriösen Sachverhalt etwas näher zu untersuchen,

kehren wir zunächst wieder zur Bewegung von Körpern in Raum und Zeit zurück, zu ihren «Weltlinien», wie man in der Relativitätstheorie sagt. Man stelle sich einen Schützen vor, der auf ein Ziel schießt. In dem entsprechenden Raumzeitdiagramm erhalten Schütze und Ziel senkrechte Weltlinien, parallel zur Zeitachse, da sie ja an ihrem Raumpunkt bleiben, während das Geschoss, aus der Sicht des Schützen, Raum und Zeit durchquert. Wir nehmen hierbei an, dass die Kugel das Gewehr mit vorgegebener Abschussgeschwindigkeit v verlässt und mit dieser bis zum Ziel fliegt; diese konstante Geschwindigkeit erzeugt die gradlinige Bahn $x=vt$. Im Gegensatz dazu betrachten wir nun ein Raumschiff, das zunächst auf der Startrampe steht, abgeschossen wird und dann mit Hilfe seiner Triebwerke beschleunigt, bis es das Schwerkraftfeld der Erde verlassen hat. Danach stellt es die Triebwerke ab und kreuzt durch den interstellaren Raum mit konstanter Geschwindigkeit. Seine zunächst wegen der Beschleunigung gebogene Weltlinie wird dann schließlich auch eine Gerade, wie schon die Kugel des Schützen.

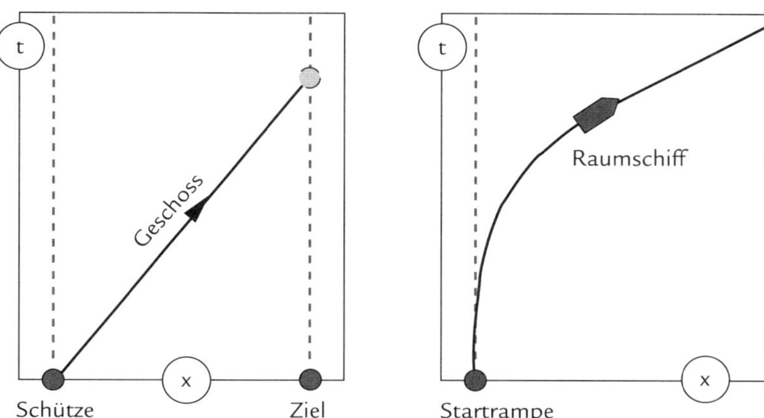

Die Weltlinien einer abgeschossenen Kugel (links) im Vergleich zu der eines Raumschiffstarts (rechts)

Was passiert, wenn das Raumschiff die Triebwerke laufen lässt und immer weiter beschleunigt? Es wird immer schneller, aber wie wir wissen, wird es nie Lichtgeschwindigkeit erreichen, denn es ist ja ein massiver Körper. Bei konstanter Beschleunigung *a* kann man seine Weltlinie berechnen, sie hat die dargestellte Hyperbelform. Wir messen hier die Zeit in mit der Lichtgeschwindigkeit multiplizierten Einheiten, *ct*, sodass der Lichtstrahl, den ein Beobachter beim Start der Rakete abgeschickt hat, eine Gerade mit einem Winkel von 45 Grad bildet. Die Lösung der entsprechenden Bewegungsgleichung zeigt, dass, wenn die Entfernung zwischen der Startrampe und dem Beobachter, dem Ursprung des Lichtstrahls, genau c^2/a ist, dann werden sich im Laufe der Zeit Raumschiff und Lichtstrahl zwar immer näher kommen, aber nie treffen.

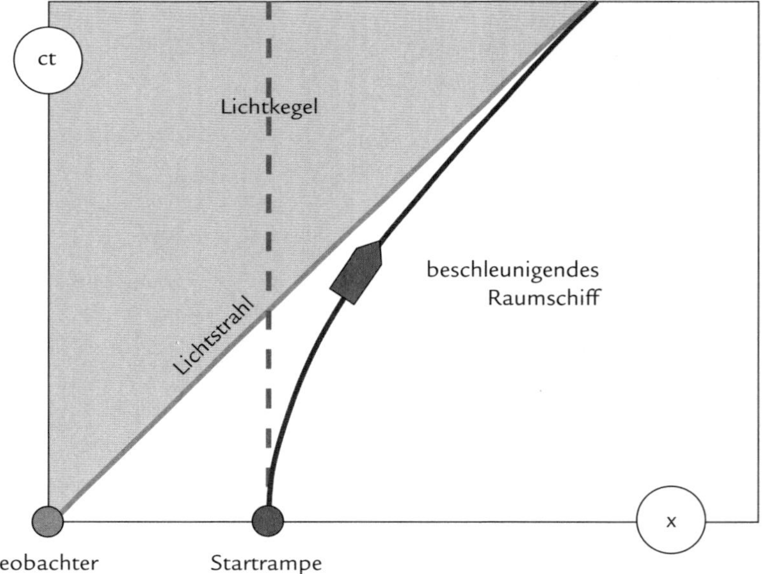

Die Weltlinie eines Raumschiffs mit konstanter Beschleunigung a; der Lichtstrahl wurde zur Abschusszeit von einem in Entfernung $d = c^2/a$ *von der Rampe stationierten Beobachter abgesandt.*

Man kann mit Hilfe dieses Bildes noch weitere merkwürdige Dinge feststellen. Für den eingezeichneten Beobachter – wie auch für alle anderen, die weiter entfernt sind – ist das Raumschiff nie sichtbar, und sie können auch nie irgendeine Verbindung zu ihm herstellen. Reisende im Raumschiff können zwar dem Beobachter eine Nachricht schicken, die er irgendwann empfangen wird, aber sie werden von ihm nie eine Antwort erhalten. Für die Raumschiffpassagiere ist die Grenze des *Lichtkegels*, der vom Ursprung der Anlage ausgeht, eine Art von Horizont, der *Rindler-Horizont*, benannt nach dem österreichischen Physiker Wolfgang Rindler. Für sie ist dieser Horizont fast wie die Oberfläche eines schwarzen Lochs: Man kann etwas hineinschicken, aber man erhält nie etwas zurück. Und die auf der Startrampe verbleibende Mannschaft kann noch einige Zeit lang mit dem Raumschiff kommunizieren, aber wenn ihre Weltlinie, die gestrichelte rote Linie im Bild, einmal den Rindler-Horizont durchquert hat, dann vermag sie das Raumschiff nicht mehr zu erreichen.

Dieser Rindler-Horizont, der einen Teil der Welt für die Raumschiffpassagiere unerreichbar macht, bildet die Grundlage des so seltsamen und kuriosen Unruh-Effekts. Um der Sache näher zu kommen, stellen wir uns ein Paar an der Startrampe vor – im Jargon der Relativisten heißen sie meist **A**lice und **B**ob. Alice besteigt das Raumschiff und fliegt ab, Bob bleibt unten. Sie hatten sich verabredet, einander einmal pro Sekunde ein Funksignal zu schicken. Und während Bob die Signale von Alice in etwa der versprochenen Frequenz empfängt, stellt Alice fest, dass die Zeitintervalle zwischen Bobs Signalen immer länger werden, und irgendwann hört sie nichts mehr:

das Ende der Kommunikation.

Sobald Bob den Rindler-Horizont des Raumschiffs durchquert hat, kann er ihr keine Nachricht mehr schicken. Sie kann ihm Funksignale senden, wird aber nie eine Antwort erhalten. Sie kann nicht einmal wissen, ob er überhaupt noch existiert. Jegliche Verbindung zwischen den beiden ist nun auf immer zerstört – jedenfalls solange das Raumschiff weiter beschleunigt. Wir fassen die Situation noch einmal in einer schematischen Darstellung zusammen.

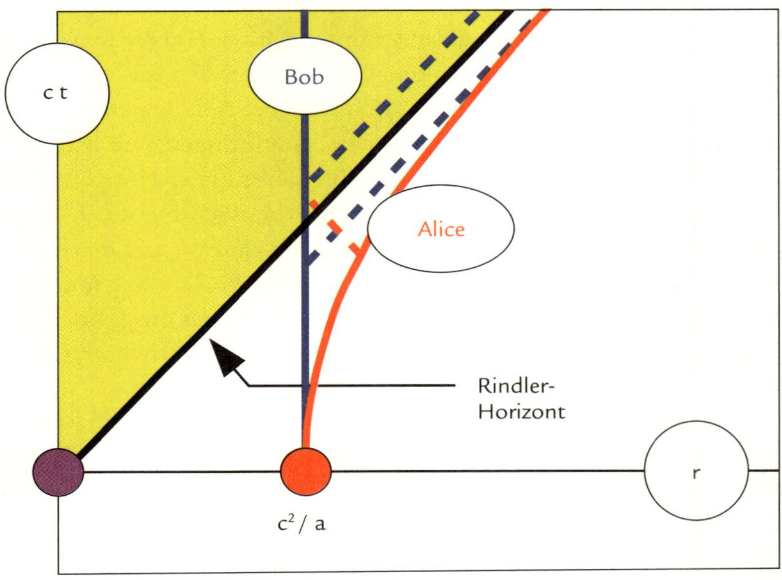

Das Ende der Verbindung zwischen Alice und Bob nach dem Start des Raumschiffs: Die untere gestrichelte blaue Linie zeigt ein Signal, das Bob kurz vor Erreichen des Rindler-Horizonts abgeschickt hat; es wird Alice erreichen. Die gestrichelte rote Linie ist ein Signal, das Alice zur gleichen Zeit gesendet hat; es erreicht Bob, als er schon jenseits des Rindler-Horizonts ist. Die obere gestrichelte blaue Linie ist seine nutzlose Antwort; sie wird Alice nie erreichen.

Aus all dem geht hervor, dass die Welt für einen beschleunigten Beobachter recht anders aussieht als für einen ruhenden oder gleichförmig bewegten. Kann man diesen Unterschied vielleicht benutzen, um eine beschleunigende Rakete von einer Sternoberfläche zu unterscheiden?

Bisher war alles hier klassische Physik; daher konnten wir auch von leerem Raum reden (abgesehen von der Hintergrundstrahlung). Aber die Quantentheorie verwandelt, wie wir gesehen haben, diesen leeren Raum in einen See ungeborener Teilchen. Sie erscheinen zwar als Fluktuationen, aber nur so kurzzeitig, dass wir sie nie bemerken. Schwarze Löcher jedoch könnten von einem virtuellen Paar einen der beiden greifen, ihn hineinziehen und den anderen draußen lassen; sie bezahlen dann für die Energieausgabe mit ihrer eigenen Masse. Das beschleunigende Raumschiff kann so etwas auch. Während es durchs Vakuum fliegt, kann es einen Partner des Paares (Alice) an Bord nehmen und den anderen (Bob) zurücklassen. Stimmen die Dimensionen, fällt der Zurückgelassene rasch hinter den Rindler-Horizont des Raumschiffs; das Paar ist nun endgültig getrennt und kann sich nie mehr vernichten. Die Virtualität ist ein für alle Mal dahin, beide Partner existieren jetzt in der Wirklichkeit. Und wer trägt die Kosten? Genauso wie das schwarze Loch für die Hawking-Strahlung etwas von seiner Masse abgeben muss, so muss hier das Raumschiff seine Triebwerke ein wenig stärker arbeiten lassen, um die notwendige Energie für die *Unruh-Strahlung* zur Verfügung zu stellen. Im Endeffekt kommt es jedenfalls dazu, dass das Thermometer an Bord des Raumschiffs die Kollisionen mit all den eingefangenen Fluktuationspartnern als Gas betrachtet und entsprechend registriert; es misst

die Temperatur des Vakuums.

Das Raumschiff, das aus unserer Sicht durch den leeren Raum fliegt, nimmt während dieses (beschleunigten) Fluges Quantenfluktuationen auf, und sein Thermometer registriert diese Zusammenstöße als das Vorhandensein eines heißen Mediums. Unruh hat diese Temperatur berechnet und erhielt

$$T_U = \frac{a\hbar}{2\pi kc},$$

wobei a wieder für die Beschleunigung des Raumschiffs steht. Und wie bei Hawking zeigen die anderen Konstanten, dass es sich um eine thermische Strahlung handelt (das Boltzmann'sche k), ausgelöst durch einen relativistischen (*c*) Quanteneffekt (Plancks $\hbar$). Wenn wir die Quantentheorie weglassen ($\hbar \rightarrow 0$) oder die Relativitätstheorie ausschalten ($c \rightarrow \infty$), ist der ganze Spuk weg, die Unruh-Temperatur ist null, das Vakuum kalt und leer. Die Unruh-Strahlung ist sichtbar nur für den Raumfahrer, den beschleunigten Beobachter; ein ruhender Teilnehmer findet den gleichen Raum vor dem Eintreffen des Raumschiffs vollständig leer.

Aber wir haben bisher Bob ganz außer Acht gelassen. Der zurückgelassene Teil der Quantenfluktuation findet sich bald hinter dem Rindler-Horizont des Raumschiffs, das seinen Partner entführt und somit eine «Wiedervernichtung» verhindert hat. Dank der von den Triebwerken des Raumschiffs zur Verfügung gestellten Energie ist er wirklich geworden. Und obwohl das Raumschiff immer hinter dem Horizont des (am Nullpunkt des Bildes stationierten) Beobachters bleibt, erscheint Bob nach einiger Zeit in dessen Sichtfeld, als einsamer Hinweis auf das unsichtbare Raumschiff. Auch diese zweite Form von Unruh-Strahlung muss thermisch sein – so wie die Hawking-Strahlung nur die Masse des schwarzen Lochs angeben kann, so kann die Unruh-Strahlung nur die Beschleunigung anzeigen, mehr nicht.

Wir hatten schon erwähnt, dass auch der Unruh-Effekt bisher nur eine Vorhersage ist. Um ein Steak zu braten, bei etwa 300 Grad Celsius, braucht man eine Beschleunigung von etwa $10^{22}\,\mathrm{m/s^2}$, also 10^{21}-mal die der Schwerkraft an der Erdoberfläche. Und wie schon bei der Hawking-Strahlung wird die Wellenlänge der Unruh-Strahlung, zum Beispiel für den irdischen Schwerkraftwert $9{,}2\,\mathrm{m/s^2}$, immens, nämlich Lichtjahre groß. Obwohl die Sache an sich von großem Interesse ist, wirft sie erneut die schon bei der Hawking-Strahlung vorgefundene Frage auf, ob Quanteneffekte von stellaren Dimensionen Sinn machen. Wir werden gleich sehen, wie die Quantentheorie die korrekte Beschreibung des sehr Kleinen liefert – ob das auch noch für das sehr Große gilt, muss eine Theorie der Quantengravitation zeigen, und die gibt es noch nicht.

Der von Unruh beschriebene Effekt ist übrigens recht allgemeiner Natur. Stellen wir uns statt des beschleunigten Raumschiffs im All eines vor, das stationär in geringem Abstand über dem Schwarzschild-Horizont eines schwarzen Lochs schwebt. Um nicht hineinzufallen, muss es natürlich mit seinen Triebwerken die Anziehungskraft des Lochs kompensieren. Die dafür notwendige Beschleunigung ist $a = GM/R^2$, wobei G wieder die universelle Schwerkraftkonstante ist, M die Masse des schwarzen Lochs und R sein Schwarzschild-Radius. Dessen Wert ist $R = 2GM/c^2$. Setzen wir das in die Beschleunigung ein, erhalten wir $a = 1/4GM$. Dies wiederum in die Unruh-Temperatur eingesetzt, gibt uns $T_U = \hbar c^3/8\pi kGM$ – die Temperatur der Hawking-Strahlung. Diese ist ein Spezialfall der Unruh-Strahlung, die für alle beschleunigten Beobachter gilt; beim schwarzen Loch ist es die der Schwerkraft.

Und das ist nicht der einzige weitere Fall. Vor etwa achtzig Jahren haben Werner Heisenberg und sein Schüler Hans Euler die Idee aufgegriffen, dass das Vakuum durch genügend starke elektrische Felder «zerstört» würde. Auch hier war die Vorstellung, dass das virtuelle Paar einer Quantenfluktuation zerrissen wird, dieses Mal von einem elektrischen Feld statt von der Schwerkraft oder von einem vorbeifliegenden Raumschiff. Bei elektrischen Feldern entsteht dann so etwas wie

der Blitz im leeren Raum.

Die uns bekannten Blitze werden erzeugt, wenn eine Spannungsdifferenz zwischen Wolken und Erde die Atome in der Luft dazwischen in geladene Bestandteile zerreißt, in *positive Ionen* und *negative Elektronen*. Diese bilden dann einen elektrisch leitenden Pfad, die Spannung entlädt sich als Blitz. Wäre der Zwischenraum wirklich leer, wäre der Vorgang nicht möglich, da es dann keine Ladungsträger und somit keinen leitenden Weg gäbe. Hier kommt erneut der Dirac-See ins Spiel: Wäre das Feld stark genug, um Paare aus dem See zu fischen, würden diese den Leiter bilden können. Nun benötigt man allerdings sehr starke Felder – zur Ionisation von Atomen reichen ein paar Volt/cm, während der Blitz im Vakuum etwa 10^{16} Volt/cm erfordert und deshalb auch noch nicht beobachtet werden konnte. Den Vorgang beschrieben hat um 1950 der amerikanische Theoretiker und Nobelpreisträger Julian Schwinger; deshalb spricht man heute allgemein vom Schwinger-Effekt. Wenn die Energie eines elektrischen Feldes zwischen zwei Polen im Vakuum größer wird als die Massen eines Elektron-Positron-Paars, dann wird dieses Paar real, das Elektron fliegt zum positiven, das Positron zum negativen Pol. Auch dieser Miniblitz im leeren Raum ist wieder ein Beispiel für den Vorgang des Unruh-Effekts.

Anhand verschiedener Beispiele haben wir gesehen, dass der leere Raum nicht wirklich leer ist. Dort unten warten virtuelle Paare nur auf die notwendige Energie, um in die Wirklichkeit aufzutauchen. Im Fall der schwarzen Löcher wird die Energie durch die Schwerkraft an der Oberfläche geliefert, beim beschleunigten Raumschiff durch die Triebwerke und beim Schwinger-Effekt durch das starke elektrische Feld. Alle diese Vorhersagen beruhen, soweit wir das beurteilen können, auf nachweislich richtiger Physik. Trotzdem hat man keinen der Vorgänge bisher beobachten können.

Allerdings gibt es tatsächlich einen Fall, an dem sich zeigen lässt, dass das Vakuum nicht leer ist. Der holländische Physiker Hendrik Casimir hat 1948 einen direkten Test dafür entwickelt. Vakuumfluktuationen erscheinen nicht nur in Form von Teilchenpaaren, sondern auch als elektromagnetische Wellen. Auf atomarer Ebene sind diese Wellen, wie wir später noch näher betrachten werden, *gequantelt*, d. h., sie treten nur in diskreten Größen auf, Vielfache einer fundamentalen Einheit. In einem Metallkasten entspricht der niedrigstmögliche Energiezustand einer stehenden Welle von einer Wellenlänge, die gerade der Größe des Kastens entspricht. Höhere Energien ergeben sich dann durch Wellen von kürzerer Wellenlänge. Bringen wir nun im Vakuum zwei Metallplatten ganz dicht aneinander heran, sodass ihr Abstand von fast atomarer Größe ist. Dann können sich zwischen den Platten nur Vakuumfluktuationen von entsprechend kurzer Wellenlänge entwickeln, während «draußen», auf der Rückseite der Platten, zusätzlich fluktuierende Wellen viel größerer Wellenlänge existieren können. Diese müssten die beiden Platten zusammendrücken – wohlgemerkt, *im Vakuum!* – mit einem Druck von bis zu einer Atmosphäre. Nach verschiedenen Vorstudien ist es 2001 einer Gruppe an der Universität Padua in Italien gelungen, den Casimir-Effekt zu messen, also zu zeigen, dass die Vakuumfluktuationen wirklich existieren und die Platten zusammenpressen. Wäre das Experiment in einem Wärmebad durchgeführt worden, in dem es wirkliche Photonen von entsprechender Temperatur gibt, hätte man so etwas erwartet. Aber hier geschah es im Vakuum, bei Temperatur null, sodass ausschließlich virtuelle Quantenfluktuationen den Druck ausüben können. Auf Quantenebene ist demnach das Vakuum, der leere Raum, durchaus nicht leer.

Der Casimir-Effekt

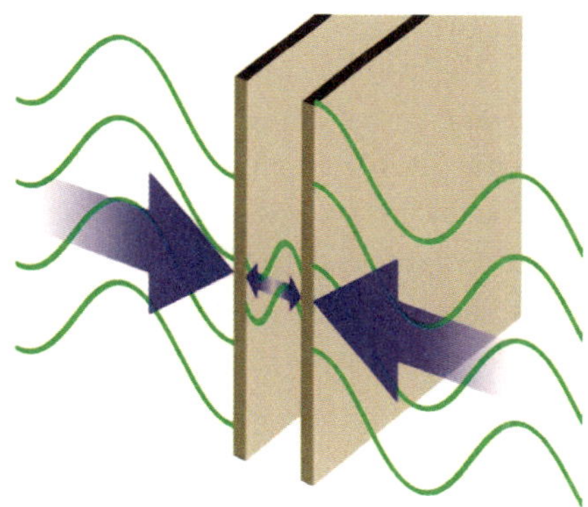

Darüber hinaus gibt es noch ein Quantenphänomen, das von vielen, selbst von den größten Physikern, für unmöglich gehalten wurde. Der Ausgangspunkt stammt von Einstein, der das Ganze erfunden hatte, um die von ihm ungeliebte Quantenphysik *ad absurdum* zu führen. Es wird heute meistens Einstein-Podolsky-Rosen-Paradox genannt, obwohl es, je nach Sichtweise, gar nicht unbedingt ein Paradox ist. Einstein wollte damit etwas aus der Welt schaffen, das er

spukhafte Fernwirkung

nannte. Eine erste Vorstellung der Problematik liefert ein Beispiel, das von dem irischen Physiker John Bell stammt, der am Europäischen Zentrum für Teilchenphysik CERN in Genf arbeitete. Bell hatte einen österreichischen Mitarbeiter, Reinhold Bertlmann, der nie zwei Socken der gleichen Farbe trug. Bell meinte daher, dass er in dem Augenblick, in dem er an Bertlmanns linkem Fuß eine rote Socke sah, schneller als mit Lichtgeschwindigkeit wusste, dass die am anderen Fuß nicht rot war. Die Socken des Herrn Dr. Bertlmann wurden das Symbol für ein ganzes Forschungsgebiet, die *Verschränkung*. Irgendwie können anscheinend Dinge zusammenhängen, die nicht zusammenhängen sollten.

Kehren wir noch einmal zurück zu einer Quantenfluktuation in ein Elektron-Positron-Paar. Elektronen haben eine als *Spin* bezeichnete Eigenschaft – man kann sie sich als kleine Magneten vorstellen, mit einer Polarachse, die entweder nach oben oder nach unten zeigt. Solange man diese Ausrichtung nicht misst, ist sie unbestimmt, und wenn man sie misst, sind beide Richtungen (für unbeeinflusste Elektronen) gleich wahrscheinlich. Die Messung legt die Ausrichtung fest, und weitere Messungen können das bestätigen. Wenn das Paar, zunächst nur Fluktuation, durch Energiezufuhr wirklich wird, bleibt die Spinsituation bestehen. Da das Vakuum keinen Spin hat, müssen sich die beiden Spinausrichtungen kompensieren, und auch nachdem sie wirklich geworden sind, müssen ihre Spins in entgegengesetzte Richtung zeigen: Sie sind irgendwie *verschränkt* oder *verstrickt*. Sie können so weit auseinanderfliegen, wie sie wollen, die Verstrickung bleibt bestehen. Wenn wir nun eines der beiden Teilchen messen und feststellen, dass sein Spin nach oben zeigt, dann muss der des anderen, weit entfernt und ungemessen, nach unten zeigen. Wird es gemessen, ist das tatsächlich der Fall. Durch die Messung beeinflusst man irgendwie den fernen Partner und legt insbesondere seinen Spin fest. Das war die spukhafte Fernwirkung, die Einstein für unmöglich hielt und die er benutzen wollte, um einen inneren Widerspruch der

Quantenphysik aufzuzeigen. Sein Ausweg bestand in der Annahme, dass beide Teilchen bereits vor der Messung eine feste Ausrichtung hätten, eine uns unbekannte Eigenschaft. Solche «versteckten Variablen» verbietet die Quantentheorie, und daher war die von Albert Einstein, Boris Podolsky und Nathan Rosen 1935 vorgelegte Arbeit eine echte Herausforderung. Es hat einige Jahre gedauert, bis die kritischen Experimente ausgeführt wurden – und die Quantentheorie bestätigten.

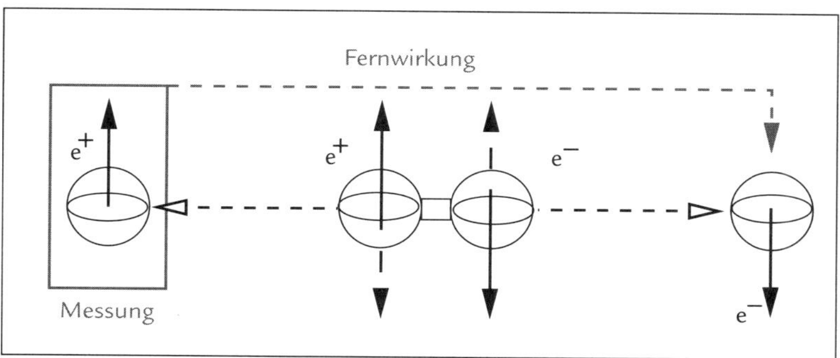

Das Elektron-Positron-Paar im Vakuum hat Gesamtspin null. Wenn es durch Energiezufuhr reell wird, muss der Gesamtspin erhalten bleiben, auch wenn sich die Partner trennen. Erst die Messung eines Spins bestimmt dessen Orientierung; zunächst sind beide gleich wahrscheinlich. Aber durch Messung des Positron-Spins (e^+) wird der des Elektrons instantan auch festgelegt, wie weit es auch vom Positron entfernt sein mag.

Die Idee für solche Experimente kam von John Bell. Er ging von zwei Messgeräten aus, A und B, von denen jedes drei verschiedene Spin-Orientierungen messen konnte, etwa 1, 2 und 3. Demnach gibt es neun verschiedene Messergebnisse,

$$A=1 \quad \text{und} \quad B=1, \quad B=2, \quad B=3$$
$$A=2 \quad \text{und} \quad B=1, \quad B=2, \quad B=3$$
$$A=3 \quad \text{und} \quad B=1, \quad B=2, \quad B=3$$

Das Elektron fliegt in den einen, das Positron in den anderen Detektor. Man nimmt nun an, dass jedes der beiden Teilchen eine inhärente Lieblingseinstellung hat, 1, 2 oder 3; die beiden anderen Einstellungen sind ungeliebt. Findet das eintreffende Teilchen seine Lieblingseinstellung vor, leuchtet an dem entsprechenden Detektor eine grüne Lampe auf, wenn nicht, eine rote. Wie oft werden beide Detektorenlampen das gleiche Ergebnis anzeigen, also beide grün oder beide rot? Da beide rot leuchten, wenn die Teilchen entweder die gleiche oder zwei verschiedene ungeliebte Einstellungen antreffen, gibt es nur vier Einstellungen, die verschiedenfarbige Lampen aufleuchten lassen. Mit anderen Worten, fünf der neun Einstellungen führen auf die gleiche Lampenfarbe, vier auf verschiedene. Führt man ein derartiges Experiment viele Male durch und sind die Ergebnisse voneinander unabhängig, so müssen die Ergebnisse in mindestens 5/9 der Fälle die gleiche Lampenfarbe aufweisen. Es ist natürlich vorstellbar, dass ein Teilchen alle Einstellungen gut findet oder gar keine. Aber das würde, wie man sich überzeugen kann, den Anteil gleicher Lampenfarben nur noch erhöhen. Damit erhalten wir John Bells berühmte Ungleichung:

Die Wahrscheinlichkeit, dass beide Detektoren die gleiche Farbe anzeigen, ist größer oder gleich 5/9.

Was wäre nun, wenn das Experiment einen kleineren Anteil gleicher Farben zeigte? Um diese Frage möglichst klar beantworten zu können, hat David Harrison von der Universität Toronto in Kanada das Experiment etwas umformuliert. Er stellte sich eine beliebig große Gruppe von Menschen mit verschiedenen Eigenschaften vor: Männer oder Frauen, groß oder klein, blond oder dunkelhaarig. Das ergibt acht mögliche Untereinteilungen:

Männer groß blond	Männer groß dunkel	Männer klein blond	Männer klein dunkel
Frauen groß blond	Frauen groß dunkel	Frauen klein blond	Frauen klein dunkel

Darauf angewendet, behauptet Bells Ungleichung, dass die Anzahl kleiner Männer plus die Anzahl großer blonder Personen, männlich oder weiblich, immer größer sein muss als die Anzahl aller blonden Männer. Einiges Nachdenken ergibt, dass das auch stimmt. In diesem Beispiel, wie auch bei den Spins zuvor, ist die Ungleichung die Folge einer Zuordnung von inhärenten Eigenschaften von Menschen oder Spins.

In beiden Fällen entsteht die Ungleichung durch die Annahme, dass die Konstituenten, Elektronen oder Menschen, inhärente Eigenschaften haben, unabhängig vom Messprozess. Das Elektron hat eine Lieblingseinstellung für seinen Spin, die Männer und Frauen sind groß, klein, blau- oder braunäugig «an sich», bevor jemand das misst.

Auf der Ebenen der klassischen Physik, in unserer makroskopischen Welt, erscheint das selbstverständlich. Die Dinge haben ihre Eigenschaften eben «an sich», «von Natur aus», auch ohne dass sie «gemessen» werden. Die Quantentheorie aber bestreitet, dass es auf der mikroskopischen Quantenebene solche Eigenschaften gibt. Die Eigenschaft des Quantenzustands wird erst durch die Messung festgelegt. Welche Orientierung der Spin des Elektrons hat, ist nicht irgendwie vorgegeben – sie wird durch die Messung aus der Zahl der gleich wahrscheinlichen Möglichkeiten bestimmt.

Bells Arbeiten haben viele experimentelle Untersuchungen ausgelöst, um zwischen Einsteins Zweifeln und der quantentheoretischen Fernwirkung zu entscheiden. Wenn man zeigen will, dass das Ergebnis beim Münzwerfen 50:50 ist für «Kopf» oder «Zahl», dann muss man viele Male werfen. Fünfmal Kopf hintereinander ist gut möglich und beweist nichts. Fünfhundert mal Kopf hingegen bringt Zweifel an der Auswuchtung der Münze auf. Wir müssen viele Male werfen, um ein glaubhaftes Ergebnis zu erreichen, und wir müssen sicherstellen, dass unsere Münze ausbalanciert ist. Beides fand bei den Überprüfungen von Bells Ungleichung Berücksichtigung; heute bestehen nur noch wenige Zweifel daran, dass sie verletzt wird. Mit anderen Worten, die Messung eines Partners des «verstrickten» Paares bestimmt auch den Zustand des anderen, unmittelbar und über große Entfernung. Man hat inzwischen die Korrelation zwischen Verstrickungspartnern gemessen, die bis zu hundert Kilometer voneinander entfernt waren. Die in der Erzeugung des Paares festgelegte Verschränkung wird demnach im Laufe der Zeit nie zerstört. Die von Einstein so ungewünschte spukhafte Fernwirkung ist eine Tatsache, die wir in unserem Weltbild irgendwie unterbringen müssen.

Man muss aber betonen, dass die Quantenverschränkung nicht die Relativitätstheorie verletzt. Die instantane Ausrichtung des zweiten Partners durch Messung des ersten kann keine Information von einem Detektor zum anderen übertragen. Das Ergebnis der ersten Messung ist nicht vorhersagbar, der Spin kann sowohl nach oben wie nach unten zeigen, und erst nach der Messung lassen sich die beiden Ergebnisse vergleichen. Und dieser Vergleich, der Austausch der Messinformation, unterliegt natürlich den Gesetzen der Relativitätstheorie.

Am Schluss dieses Kapitels kehren wir noch einmal zu unserem einsamen beschleunigten Raumschiff zurück. Das Elektron, das dort an Bord als Unruh-Strahlung gemessen wird, ist ja auch der Partner eines verstrickten Paares, das durch die Energie der Raumschifftriebwerke in die Wirklichkeit gebracht wurde. Der andere Partner verschwindet bald hinter dem Rindler-Horizont und kann sich mit seinem früheren Mitstreiter nicht mehr verständigen. Sind sie noch verstrickt? Für den stationären Beobachter allein ist das schwer zu beantworten, da er dem Raumschiff das Ergebnis seiner Messung nicht mitteilen kann. Aber die Raumschiffmannschaft kann das Ergebnis ihrer Messung dem Beobachter im stationären Labor funken, und der kann dann nachsehen, ob die Quantenverschränkung durch den Rindler-Horizont gestört wurde. Im Falle eines schwarzen Lochs würde man das erwarten: Der auf die zentrale Singularität hinfliegende Partner kann wohl kaum eine Quantenkorrelation aufrechterhalten.

Und so muss es von allem einen kleinsten Teil geben,
jenseits der Erkenntnis unserer Sinne.
Dieser kleinste Teil ist unzerlegbar, ist die kleinstmögliche Einheit.
Er kann nie für sich allein existieren,
sondern immer nur als Urbestandteil eines größeren Körpers,
von dem keine Kraft ihn je trennen kann.

Lukrez, *Über die Natur der Dinge,*
ca. 55 v. Chr.

5. Das Ende der Teilbarkeit

wurde von den alten Griechen in unser Denken eingebracht: Die kleinsten Bestandteile aller Materie nannten sie «atomos», unteilbar. Die Vorstellung, dass alles in der Welt aus einigen wenigen Arten von kleinsten Teilchen besteht, ist großartig und bahnbrechend. Sie bedeutet einerseits, dass die unendliche Komplexität, von der wir uns umgeben sehen, auf einer fundamentalen, einfachen Struktur beruht, und andrerseits, dass aus einfachen Bausteinen die ganze bunte Vielfalt unserer Welt erzeugt werden kann.

Im Altertum waren die Vorstellungen von kleinsten Bestandteilen der Materie rein philosophischer Natur, völlig unabhängig von Beobachtungen, Messungen oder Experimenten. Im antiken Griechenland wurden solche Ideen bereits im fünften Jahrhundert v. Chr. von Leukipp und seinem Schüler Demokrit diskutiert, und etwa 50 v. Chr. meinte der römische Naturphilosoph Lukrez, dass das Ende der Teilbarkeit erst erreicht sei, wenn die kleinsten Bausteine der Materie nicht mehr isoliert existieren können. Solange man einen Baustein einzeln betrachten kann, lässt sich ja fragen, woraus er denn besteht. Erst wenn er nicht mehr allein existieren kann, sondern nur noch als Teil eines größeren Gebildes, macht diese Frage keinen Sinn mehr. Wie wir sehen werden, ist zweitausend Jahre später in der Physik diese Vorstellung Wirklichkeit geworden. Die kleinsten Bausteine in der Theorie, die wir heute für die grundlegende Beschreibung aller Materie halten, sind die Quarks, und sie können in unserer Welt niemals einzeln, allein existieren.

Die neuere Entwicklung, und damit auch die Wiederentdeckung der alten Überlegungen, begann um 1800 mit dem englischen Chemiker John Dalton. Er definierte reine Substanzen, «Elemente», aus denen Materie besteht, und jedes dieser Elemente wiederum besteht aus *einer* Sorte von kleinsten Teilchen, die er – aus heutiger Sicht etwas voreilig – Atome nannte. Die Atome verschiedener Elemente sollten sich durch Größe und Masse unterscheiden. Trotzdem nahm Dalton an, dass sie unteilbar seien und dass sie weder erzeugt noch zerstört werden könnten. Die Kombinationen verschiedener Atome in bestimmten Verhältnissen ergeben dann chemische Verbindungen, und in chemischen Reaktionen werden diese Kombinationen neu geordnet.

Der Name «Atom» für die kleinsten Bestandteile in Daltons Sichtweise ist bis heute gebräuchlich, obwohl dies schon damals auf mindestens drei Einwände stieß. Daltons Atome hatten sowohl Masse als auch Größe, sodass die Frage des Lukrez sofort im Raum stand: Woraus bestehen sie denn? Zudem gab es schon zu Daltons Zeit viele verschiedene Elemente, sodass es entsprechend viele Sorten von Atomen geben musste. Heute sind es über hundert. Das war nicht im Sinne von Lukrez: Er dachte an etwa drei verschiedene Sorten kleinster Teilchen – auch das klingt erstaunlich modern. Und schließlich zeigte sich, dass die Massen der verschiedenen Atome, die *Atomgewichte*, in merkwürdigen ganzzahligen Verhältnissen standen: Wasserstoff zu Kohlenstoff ergab 1 : 12, Wasserstoff zu Stickstoff 1 : 14, Wasserstoff zu Sauerstoff 1 : 16, und so fort. Das schien anzudeuten, dass die Atome der schwereren Elemente irgendwie Kombinationen von Wasserstoffatomen seien könnten.

In den nun folgenden Jahren wurden laufend neue Elemente entdeckt, und auch ihre Atomgewichte ergaben wieder ganzzahlige

Vielfache des Wasserstoffs. Das legte es zumindest nahe, etwas Ordnung in das Ganze zu bringen, in Form einer Liste, die mit Wasserstoff beginnt und dann mit Vielfachen des Wasserstoff-Atomgewichts fortfährt. Diese Liste nennen wir heute die *periodische Tabelle*, das Periodensystem der Elemente. Sie wurde zuerst im Jahr 1869 durch den russischen Chemiker Dmitri Mendelejew aufgestellt; zu der Zeit gab es etwa 60 Elemente. (Übrigens brachte Mendelejew Ordnung nicht nur in die Welt der Elemente; er war einige Zeit lang Direktor des russischen Eichamts, und als solcher hat er den bis heute gültigen Standard für russischen Wodka definiert – nicht weniger als 40 % Alkohol.) Das Periodensystem sagte eine Vielzahl neuer Elemente vorher, die dann auch entdeckt wurden, und zudem wurde festgestellt, dass benachbarte Elemente ähnliche chemische und physikalische Eigenschaften aufweisen. Aber vor allem war es eine Herausforderung, die Struktur eines solchen Systems zu verstehen.

Die Vorstellung von unteilbaren Atomen der Dalton'schen Art wurde somit immer weniger glaubhaft. Das Ende kam mit dem 20. Jahrhundert, als der englische Physiker J.J. Thomson die Entdeckung eines neuen Teilchens bekannt gab, viel kleiner als das Wasserstoffatom und negativ geladen. Durch Untersuchungen verschiedener Elemente kam er zu dem Schluss, dass diese Teilchen, die dann *Elektronen* genannt wurden, in allen Atomen vorhanden sein müssen. Zehn Jahre später fand Ernest Rutherford heraus, dass Atome in der Tat auch einen positiv geladenen Kern enthielten, der irgendwie mit den Elektronen verkoppelt war. Dieser Kern war wesentlich kleiner als das Atom selbst, aber er ergab fast das gesamte Atomgewicht und war um vieles größer als ein Elektron. Somit war das Atom nicht, wie J.J. Thomson zunächst vermutet hatte, eine Art Pudding positiver Materie, mit negativ geladenen Elektronen als Rosinen, sondern eher wie ein Planetensystem, mit dem Kern als Sonne, den Elektronen als Planeten, viel leerem Raum dazwischen, und alles wurde zusammengehalten durch die elektromagnetische Kraft anstelle der Schwerkraft.

Da die Atomgewichte der verschiedenen Elemente, verglichen mit Wasserstoff, ganzzahlig anstiegen, erschien es vernünftig, sich die Kerne als bestehend aus einer ansteigenden Anzahl von massiven positiven Ladungen vorzustellen, aus den *Protonen* nach der heutigen Terminologie. Die Kerne sind dann umgeben von einer Elektronenwolke, sodass das Ganze elektrisch neutral wird. Diese Vorstellung führte aber auf ein Problem, das schon Rutherford erkannt hatte. Die Anzahl der Protonen, die er in Streuexperimenten bestimmt hatte, reichte nicht aus, um das Atomgewicht zu erklären. Der Kern musste noch mehr Masse enthalten. Die Lösung kam 1932, als James Chadwick ein neutrales Teilchen der Protonmasse entdeckte, das *Neutron:* Die Ladung des Kerns bestimmte die Anzahl seiner Protonen, das Atomgewicht die zusätzlich vorhandenen Neutronen. Die modernen Atome sind absolut nicht unteilbar: Sie bestehen aus Protonen, Neutronen und Elektronen und können auch, wie wir heute wissen, in diese Bestandteile zerlegt werden.

Ein solches Atombild stieß jedoch auf einen fundamentalen Widerspruch. Planeten umkreisen die Sonne «kostenlos»: Sie werden durch die Schwerkraft an die Sonne gebunden, und die Zentrifugalkraft ihrer Bewegung verhindert, dass sie in die Sonne fallen. Die beiden Kräfte kompensieren sich gegenseitig. Wenn aus irgendeinem Grund ein Planet langsamer würde, dann würde er auf eine kleinere Bahn absinken. Will ein die Erde umkreisendes Raumschiff auf diese zurückkehren, wirft der Kapitän den Antrieb auf «Rückwärts», die Bahngeschwindigkeit sinkt, und das Raumschiff kommt auf einer spiralförmigen Bahn zur Erde zurück. Elektronen sind jedoch elektrisch geladen, und kreisende Ladungen emittieren elektrische Strahlung. Sie verlieren somit kontinuierlich an Energie und müssen deshalb auf lange Sicht in den Kern fallen. Atomare Planetensysteme scheinen nicht lebensfähig zu sein.

Was könnte verhindern, dass die Elektronen all ihre Energie abstrahlen? In der Naturwissenschaft wurden Fortschritte sehr oft dadurch ausgelöst, dass jemand die «richtige» Frage stellte. Wenn man lange genug fragt, warum der Himmel nachts dunkel ist, landet man beim Urknall. Es zeigte sich, dass die Frage nach der Strahlung der Elektronen und ihrer Auswirkung auf die Stabilität der Atome auch von dieser Art war. Sie führte zu einer gänzlich neuen Denkweise in der Physik, die im Dezember 1900 von Max Planck auf einer

Tagung der Deutschen Physikalischen Gesellschaft in Berlin zum ersten Male vorgestellt wurde. Planck hatte die sogenannte Hohlraumstrahlung untersucht, emittiert von lichtundurchlässigen und nicht reflektierenden Oberflächen. Dabei fand er, dass Elektronen Strahlung nur in bestimmten, endlichen Päckchen abgeben können, eben in *Quanten*. Damit war auch die Energie eines Elektrons selbst in solche Quanten aufgeteilt, mit einer Mindestgröße pro Quantum. Die innerhalb des Atoms den Kern in diskreten Bahnen umkreisenden Elektronen können von einer Bahn auf eine andere nur unter Abgabe oder Aufnahme einer gleichfalls diskreten Energiemenge «springen». Die Mindestgröße eines Quantums, das universelle Wirkungsquantum als kleinste Zahlungseinheit, wird heute definiert durch die Planck'sche Konstante h. Diese Größe ist so winzig, dass sich die daraus folgende Körnigkeit der Welt aufgrund unserer Maßstäbe nicht erkennen lässt. Aber auf atomarer Ebene wird sie kritisch.

Plancks Entdeckung hatte ungeahnte begriffliche Auswirkungen; einige davon haben weder er noch so berühmte Zeitgenossen von ihm wie Einstein je akzeptiert. Es war jetzt klar, dass es im Mikrokosmos keine kontinuierlichen Änderungen gibt, nur diskrete Sprünge. In unserer sichtbaren Welt ist das unwesentlich; Dinge können ruhen oder beliebig langsam in Bewegung gebracht werden. Unsere makroskopische Welt bleibt, wie man heute sagen würde, in guter Näherung analog. Aber auf atomarer Ebene ist das jetzt nicht mehr richtig. Alles passiert in diskreten Einheiten, die Natur wird digital.

Das trat besonders deutlich hervor, als man feststellte, dass sich die Vorstellungen von Teilchen und Welle nicht wirklich trennen ließen. Mitunter verhalten sich die Photonen des Lichts wie Teilchen, sie kollidieren mit einem Elektron und werfen es aus seiner Atombahn. Andererseits verhalten sich Elektronenstrahlen mitunter wie Wellen und führen, bei geeigneter Apparatur, auf optische Diffraktionsbilder. Wenn nun Elektronen Wellen sind, dann bedeutet die diskrete Struktur ihrer Energiezustände, dass diese Wellen diskrete Wellenlängen haben müssen. Um einen Kern sind nur Bahnen möglich, die diskrete Vielfache dieser Wellenlängen sind. Die *duale Natur von Teilchen und Wellen* führt unmittelbar auf die Energieniveaustruktur von Atomen.

Innerhalb von dreißig Jahren nach Plancks Entdeckung wurde die Physik neu definiert: Quantenmechanik und Quantenelektrodynamik traten an die Stelle von klassischer Mechanik und Elektrodynamik. Die neuen Paradigmen wurden formuliert, die Gleichungen gelöst, die experimentellen Konsequenzen aufgezeigt. Das war das Werk der großen Physiker des letzten Jahrhunderts: Niels Bohr, Max Born, Louis de Broglie, Paul Dirac, Werner Heisenberg, Wolfgang Pauli, Erwin Schrödinger und vielen anderen mehr. Selbst Albert Einstein, der später so unglücklich war über den würfelspielenden Gott, hat einen wesentlichen Beitrag zu dieser Entwicklung geleistet und erklärt, wie Strahlung Atome aufbrechen kann, durch den sogenannten Photoeffekt. Hierfür, und nicht für seine bahnbrechenden Arbeiten in der Relativitätstheorie, hat er den Nobelpreis für Physik erhalten.

So entstand in der Physik eine neue Form der «Puppe in der Puppe». Die Newton'sche Mechanik wurde ein Grenzfall der relativistischen, und ganz ähnlich gibt es nun in jeder Sparte der Quantenphysik einen klassischen Grenzfall: Ohne Brille, in grober Sicht, ist die klassische Theorie in Ordnung. Nur wenn man wirklich genau hinsieht, kommen die Quanteneffekte ins Spiel, wird die Natur sprunghaft. Und eine Einschränkung ist bis heute geblieben: Trotz vieler Versuche führender Theoretiker ist die Quantenversion der allgemeinen Relativitätstheorie bis heute nicht gefunden. Die Quantentheorie der Schwerkraft bleibt eine Herausforderung für die kommenden Generationen.

Ein wesentlicher Zug der neuen Physik ist, wie wir gesehen haben, dass der Mikrokosmos eine diskrete Struktur hat, alles ist gequantelt. Ein zweiter, genauso wichtiger und mit dem ersten verbundener Aspekt ist, dass man die Dinge nicht beliebig genau beobachten kann. Das war die Aussage des von Werner Heisenberg formulierten Unbestimmtheitsprinzips, das wir bereits erwähnt haben: Wenn die Geschwindigkeit eines Teilchens sich nur sprunghaft ändern kann, dann ist auch seine örtliche Position nicht beliebig genau bekannt. Wenn wir versuchen, den Ort zu bestimmen, benutzen wir dazu ein Photon bestimmter Energie, und prallt dieses auf das Elektron, so ändert sich dessen Geschwindigkeit abrupt. Die Elektronen in der Wolke um den Kern verhalten sich mithin nicht wirklich exakt so wie Planeten, die um die Sonne kreisen. Jede Elektronenbahn entspricht einer bestimmten Energie, und wenn die Energien gequantelt sind, sind es auch die Bahnen. Um jeden Kern gibt es eine abzählbare Anzahl möglicher Elektronbahnen, eine kleinste und davon ausgehend konzentrische größere. Wenn ein Elektron in einer Bahn von einem einfallenden Photon getroffen wird, kann es nur ruckartig in eine größere Bahn «springen». Befindet es sich in einer größeren, kann es nicht, wie ein Raumschiff, seine Geschwindigkeit kontinuierlich reduzieren. Es kann nur diskontinuierlich in eine kleinere Bahn fallen. Die dabei emittierten Photonen sind ebenfalls gequantelt, haben diskrete Wellenlängen, die sich in den Emissionsspektren von Sternen beobachten lassen.

Der dritte Aspekt schließlich, der die neue von der alten Physik über Quantelung und Unbestimmtheit hinaus unterscheidet, besteht darin, dass sich auf einer vorgegebenen Kreisbahn nicht beliebig viele Elektronen befinden können. Formuliert ist die Sachlage in dem von Wolfgang Pauli aufgestellten Ausschließungsprinzip. Die bisherigen Bausteine unserer Welt, Protonen, Neutronen und Elektronen, müssen stets in ihrem jeweiligen Zustand einzigartig bleiben. Auch in der kleinsten Kreisbahn um einen Kern können sich nie zwei in jeder Hinsicht identische Elektronen befinden. Nun haben alle drei erwähnten Teilchen neben ihrer Masse und ihrer elektrischen Ladung noch einen Spin mit vorgegebener Ausrichtung, wie kleine Magnete oder wie der Nordpol der Erde. In der atomaren Welt ist auch dieser Spin gequantelt, er kann nach oben oder nach unten zeigen. Man kann genau zwei Elektronen auf einer vorgegebenen Bahn haben, eines mit nach oben und eines mit nach unten gerichtetem Spin. Das Gleiche gilt auch für alle größeren Bahnen. Damit lässt sich der gesamte Atomaufbau bestimmen: Bei schwereren Atomen sind alle Bahnen von der kleinsten bis hin zu einem Maximum «gefüllt», auf jeder wohnen zwei Elektronen. Die Größe der Atome steigt mit ihrer Masse. Da man alle Bahnen berechnen kann, sind auch die Wellenlängen der Photonen vorgegeben, die bei Übergängen zwischen Grundzustand und angeregten Zuständen emittiert oder absorbiert werden. Die Atomstruktur ist mithin bekannt: Kerne einer bestimmten Ladung und Masse enthalten eine bestimmte Anzahl von Protonen und Neutronen, und diese sind in festgelegten, konzentrischen Bahnen umgeben von Elektronen. Aus den so gebildeten Atomen ist Materie aufgebaut.

Die bisherige Suche nach den kleinsten Bestandteilen der Materie lässt sich mithin nicht unbedingt als Erfolg verbuchen. Die «unteilbaren» Atome bestehen aus Kernen und Elektronen, sind also gewiss teilbar. Die Kerne wiederum bestehen aus positiv geladenen Protonen und neutralen Neutronen. Ihre Gesamtladung ist bestimmt durch die Anzahl der Protonen, und auch Kerne sind teilbar, wie wir seit der Entdeckung der Kernspaltung wissen. Kern und Elektronen werden durch elektrische Anziehungskraft zusammengehalten; die Anzahl von Elektronen ist gleich der von Protonen, sodass das Atom als Ganzes elektrisch neutral ist. *Nukleonen*, also Protonen und Neutronen, haben Größe und Masse, und sie existieren auch einzeln. Damit erfüllen sie nicht die Bedingung, die Lukrez von den letzten und kleinsten Bestandteilen der Materie gefordert hatte. Zudem taucht jetzt erneut eine dieser Fragen auf, die das Potential haben, die Welt zu verändern: Die positiv geladenen Protonen stoßen einander durch ihre elektrische Wechselwirkung ab. Was aber hält sie dann zusammen? Diese Frage führte letztlich zur Entdeckung der Kernkräfte, und als man die Antwort wusste, war plötzlich klar, dass eine andere, eng damit verbundene Frage schon lange ihrer Beantwortung harrte:

Warum scheint die Sonne?

Verschiedene Kräfte bestimmen das Geschehen im Universum, je nach dem Maßstab, den wir anlegen. Die Schwerkraft ist die allgemeinste aller Kräfte – sie wirkt auf alles, selbst auf Licht. Sie ist die Kraft, die im Großen alles zusammenhält, Erde und Mond, unser Sonnensystem, unsere Galaxie, und sie ist unsere einzige Hilfe gegen den mysteriösen Schub, der unser Universum seit dem Urknall auseinanderfliegen lässt. Die elektromagnetische Kraft erzeugt Licht und erlaubt uns auf diese Weise, die Welt zu sehen, in der wir leben. Das frühe Universum enthielt positive und negative elektrische Ladungen verschiedener Art. Gleiche Ladungen stoßen sich ab, ungleiche ziehen sich an, und Photonen sind die Boten, die diese Information übermitteln. Aber was verhindert, dass der Kern auseinanderfliegt? Das scheint anzudeuten, dass eine weitere Kraft notwendig ist, um Kerne zusammenzuhalten.

Die Schwerkraft ist sehr viel schwächer als die elektrische Kraft: Zwei positiv geladene Teilchen stoßen sich ab, trotz einer winzigen Anziehung durch die Schwerkraft. Deshalb muss die Kernkraft wiederum noch viel stärker sein als die elektrische, sodass eine Hierarchie von Kräften entsteht: Kernkraft, elektromagnetische Kraft, Schwerkraft.

Sterne entstehen, wie wir gesehen haben, wenn die Schwerkraft Gaswolken im Weltraum zu viel dichterer Materie zusammenpresst. Das Gas dort draußen besteht hauptsächlich aus Wasserstoff, dem leichtesten aller Atome. Wird ein Wasserstoffgas komprimiert, steigt seine Temperatur an. Dass der Stern leuchtet, könnte so eine Folge der Hitze sein. Das war jedenfalls im neunzehnten Jahrhundert die Erklärung, die die Physiker, angeführt von Hermann von Helmholtz in Deutschland und Lord Kelvin in England, für das Licht der Sterne hatten. Das Licht der Sonne und der Sterne, so meinten sie, ist in Strahlung verwandelte Gravitationsenergie. Es gab nur ein Problem: Man konnte die auf der Erde gemessene Sonnenstrahlung mit der Masse und der Größe der Sonne kombinieren und daraus das Alter der Sonne berechnen. Die Antwort lautete 30 Millionen Jahre.

Geologen und Biologen waren da anderer Meinung. Bei der Untersuchung der Evolution sowohl von Erdformationen als auch von Lebewesen kam man zu dem Schluss, dass die Erde mindestens 300 Millionen Jahre alt sein musste. Charles Darwin, Autor des Werks über den *Ursprung der Arten* und Erfinder der Evolutionstheorie, war hier der führende Vertreter. Die Physiker konnten jedoch keine Energiequelle finden, die die Sonne so lange hätte scheinen lassen, und so kam Lord Kelvin zu dem Schluss, dass nicht nur Darwins Abschätzung des Erdalters, sondern auch seine ganze Evolutionstheorie falsch sei. Die Lösung des Dilemmas ist recht lehrreich. In der Zeit einer mechanistischen Weltanschauung hielten viele die anscheinend grundlegenderen Argumente – Energieerhaltung im Vergleich zur Evolution der Frösche – für die überzeugenderen. Sie irrten.

Die Antwort basiert wieder einmal auf Einsteins berühmter Formel $E = mc^2$. Im Jahre 1919 entdeckte der britische Chemiker Francis William Aston, dass die Masse von vier Wasserstoffkernen, also von vier einzelnen Nukleonen, größer ist als die eines Heliumkerns, der ja aus vier gebundenen Nukleonen besteht. Die Verkopplung der Nukleonen – heute nennen wir das Fusion – setzt demnach Energie frei. Genauer gesagt, werden dabei 0,8 % der Masse in Energie verwandelt. Astons Kollege Sir Arthur Eddington berechnete daraus unmittelbar, dass dies genügt, um die Sonne 100 Milliarden Jahre scheinen zu lassen. Bei einem Alter des Universums von etwa 14 Milliarden Jahren können wir sicher sein, dass unser Licht so bald nicht ausgehen wird.

Trotzdem hatten die Physiker des neunzehnten Jahrhunderts nicht wirklich unrecht, als sie die Schwerkraft für die Erzeugung der Hitze und damit des Lichts verantwortlich machten. Der Trick der Natur war, dass, wenn die Nukleonen zu extremer Dichte zusammengepresst wurden, eine neue Kraft, die Kernkraft, die Bindung von vier Nukleonen zu einem Heliumkern bewirkte, und der hatte eben eine geringere Masse als die vier einzelnen Nukleonen. Die dabei frei gesetzte Energie lässt die Sonne strahlen und erzeugt so das Licht für alles Leben auf der Erde. Diese neue Kernkraft,

die starke Wechselwirkung,

wie man heute sagt, wird erst wirksam, wenn sich die Nukleonen extrem nahe kommen. Ein Proton und ein Neutron im Abstand von einem Picometer (10^{12} cm) merken nichts voneinander. Aber im Abstand eines Femtometers (10^{15} cm) erzeugt ihre starke Wechselwirkung das Licht der Sonne oder die Explosion einer Wasserstoffbombe.

Stark wechselwirkend heißt wirklich stark, und kurzreichweitig heißt wirklich kurz.

Die Schwerkraft ist immer anziehend, wächst mit der Masse der betroffenen Partner und fällt in ihrer Stärke ab mit dem Quadrat der Entfernung zwischen beiden. Sie ist deshalb besonders effektiv zwischen massiven Objekten über große Entfernungen, und so hält sie unter anderem die Erde in ihrer Bahn um die Sonne. Die elektromagnetische Kraft zeigt die gleiche Abhängigkeit vom Abstand zweier Ladungen, ist aber anziehend bei ungleichen und abstoßend bei gleichen Ladungen. Von der Kernkraft war zunächst nur bekannt, dass sie erst bei extrem kurzen Abständen einsetzt, dann aber anziehend ist und eben sehr stark. Ein großer Teil der physikalischen Forschung um die Mitte des zwanzigsten Jahrhunderts war der genaueren Untersuchung dieser Kraft gewidmet.

Die Relativitätstheorie schließt eine instantane Fernwirkung aus, sodass jede Kraft einen Boten braucht, der von A nach B reist, um die Wechselwirkung auszuführen. Im Elektromagnetismus ist dieser Bote das Photon, und seine Geschwindigkeit, die Lichtgeschwindigkeit, ist die schnellstmögliche Form von Wechselwirkung. Das Photon hat keine Masse, da kein massives Teilchen Lichtgeschwindigkeit erreichen kann. Und wenn nichts dazwischenkommt, ist seine Reichweite beliebig groß – wir sehen das Licht sehr ferner Sterne. Aber das Photon muss erst einmal dahingelangen, und das benötigt eben Zeit. Die Lage ist im Bild illustriert anhand eines sogenannten Raum-Zeit-Diagramms; diese haben sich in der Elementarteilchenphysik als sehr hilfreich erwiesen, in die sie von dem amerikanischen Theoretiker Richard Feynman eingeführt wurden, weshalb sie meist als «Feynman-Diagramme» bezeichnet werden.

Die Reichweite der Kernkraft hingegen entspricht ungefähr der Größe des Nukleons: Zwei Nukleonen in einem größeren Abstand als ein Nukleondurchmesser wechselwirken kaum mehr. Auf Grund dieser Information hat 1935 der japanische Physiker Hideki Yukawa die Existenz eines neuen, stark wechselwirkenden Teilchens vorhergesagt, das als Bote der starken Wechselwirkung dienen sollte. Um diese Wechselwirkung kurzreichweitig zu machen, musste es massiv sein, und Yukawa schätzte seine Masse auf etwa 1/10 der Nukleonmasse.

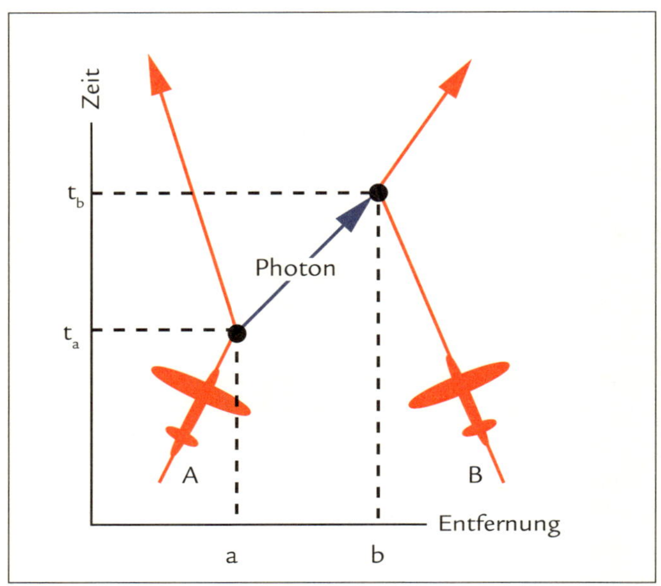

Zwei Flugzeuge A und B nähern sich einander. Am Punkt a wendet A und fordert B per Funk (Photon) auf, auch umzukehren, was B am Punkt b tut. Das Signal wird von A zur Zeit t_a abgeschickt und von B zur späteren Zeit t_b empfangen.

Damit liegt sie zwischen denen von Elektron und Nukleon, und so nannte Yukawa es *Meson*, dazwischenliegend. Heute nennen wir es π-Meson oder Pion. Dieses Meson sollte in der starken Wechselwirkung die Rolle spielen, die das Photon in der elektromagnetischen ausfüllt: Zwei Nukleonen kommunizieren miteinander durch Austausch eines Mesons.

Zunächst war allerdings nicht klar, ob das Ganze nur ein formales Spiel war oder ob so ein Meson wirklich existierte. Hier müssen wir kurz auf Einsteins berühmte Gleichung $E = mc^2$ zurückkommen. Wenn Masse Energie ist, müsste man Teilchen erzeugen oder vernichten können; auf etwas Vergleichbares waren wir schon im Falle des Dirac-Sees gestoßen. Die Oberflächenschwerkraft eines schwarzen Lochs bei der Hawking-Strahlung oder die Raumschifftriebwerke bei der Unruh-Strahlung liefern die notwendige Energie, um ein Paar massiver Teilchen aus dem See zu holen: Teilchen werden er-

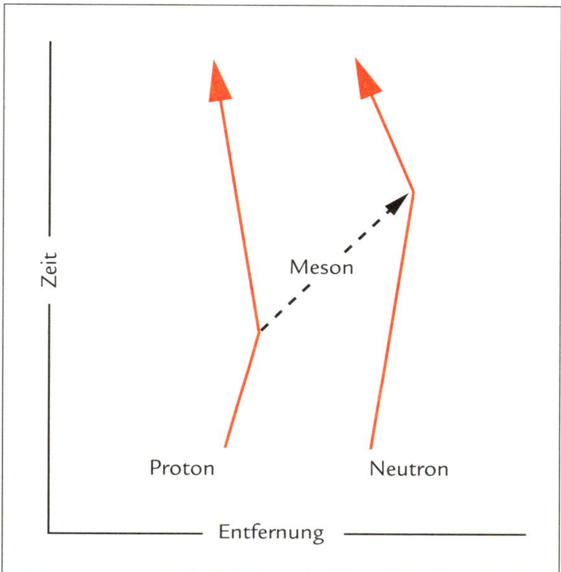

Ein stark gekoppeltes Proton-Neutron-System: Das Proton teilt dem Neutron durch Übersendung eines Boten-Mesons mit, dass es seine Richtung ändert.

zeugt, Energie wird in Masse verwandelt. In Kollisionen stark wechselwirkender Teilchen spielt dieses Phänomen eine sehr prominente Rolle – wenn die Kollisionsenergie groß genug ist, können neue, zusätzliche Teilchen erzeugt werden.

Um die Wechselwirkung zwischen so kleinen Teilchen wie Nukleonen zu untersuchen, gab es (und gibt es immer noch) nur eine Methode: Man schieße zwei Nukleonen aufeinander und schaue nach, was dabei passiert. Die heutigen großen Teilchenbeschleuniger sind das Endergebnis dieses Zugangs. In der ersten Hälfte des vorigen Jahrhunderts, vor dem Einsatz von Beschleunigern, war die kosmische Strahlung die einzige Möglichkeit. Im interstellaren Weltraum gibt es viele einsame Durchreisende, Teilchen aller Art, die in irgendwelchen entfernten Kollisionen oder Explosionen entstanden sind und nun ziellos durch das All geistern. Einige erreichen die Erde, wo sie meist mit Kernen in der oberen Atmosphäre kollidieren. Aber es gibt auch Teilchen, die es bis zu uns schaffen, bis zur Erdoberfläche. Wenn wir hier einen Szintillator aufstellen, also ein Material, das aufleuchtet, wenn es von einem elektrisch geladenen Teilchen getroffen wird (Fernsehbildschirme bestehen aus solchem Material), dann signalisiert ein Lichtblitz das Eintreffen des interstellaren Wanderers. Im Europäischen Zentrum für Kernforschung, CERN, in Genf besteht der Boden des Empfangsraums aus solchen Szintillatoren, sodass die eintreffenden Gäste auf einem Teppich stehen, der mit dem Licht dieser außerirdischen Glühwürmchen funkelt. Die Physiker, die die kosmische Strahlung untersuchten, hatten dafür eine spezielle Technik entwickelt, welche auf der Benutzung von fotografischen Emulsionen basiert. Um atmosphärische Verluste so weit wie möglich auszuschalten, wurden diese Emulsionen auf hohe Berge oder mit Ballons auf große Höhen gebracht. Auf diese Weise konnten 1947 Donald Perkins und Cecil Powell beweisen, dass in Nukleon-Nukleon-Kollisionen das über zehn Jahre vorher von Yukawa «erfundene» Meson wirklich erzeugt wird.

Heute ist die Untersuchung solcher Kollisionen eine alltägliche Sache für Protonbeschleuniger. Der Urgroßvater dieser Anlagen war das Zyklotron, das Ernest Lawrence zuerst 1929 in Kalifornien entwickelt hatte. Die Idee war recht einfach: Man beschleunigte geladene Teilchen durch elektrische Impulse und hielt sie durch Magnetfelder auf einer Kreisbahn. Der erste Beschleuniger dieser Art erreichte eine Energie pro Teilchen von einer Million Elektronvolt (1 MeV = 10^6 eV). Im Vergleich hierzu liefert der heute leistungsfähigste Beschleuniger, der *Large Hadron Collider* am CERN in Genf, eine Kollisionsenergie von 7 TeV; ein TeV ist eine Million MeV (1 TeV = 10^{12} eV).

Aber ob nun in der kosmischen Strahlung oder in Beschleunigerexperimenten, der Aufprall zweier Protonen bei hoher Geschwindigkeit führte stets zu einem überraschenden Ergebnis: Mit einem Schlag wurde eine ganze Anzahl neuer Teilchen erzeugt. Die Protonen wurden nicht «in Stücke» geschlagen – sie waren weiterhin unversehrt vorhanden; nur gab es nun viele zusätzliche Teilchen. Auf diese Weise war auch Yukawas Meson entdeckt worden; der Zusammenstoß von zwei Protonen führt auf einen Endzustand, in dem neben den beiden Nukleonen auch noch Pionen vorkommen. Je höher dabei die Kollisionsenergie der Protonen ist, desto mehr Mesonen werden erzeugt. Am LHC des CERN führt heute eine einzige Proton-Proton-Kollision zu mehr als fünfzig neu erzeugten *Sekundärteilchen*. Solche Kollisionen gleichen der Umkehrung der Wasserstofffusion in der Sonne: Dort wird Masse in Energie verwandelt, im Beschleuniger Energie in massive Teilchen. Andrerseits ist, wie wir sehen werden, der Erzeugungsprozess selbst in seiner Form ganz ähnlich demjenigen, mit dem Unruhs Raumfahrer Teilchen aus dem Dirac-See fischte.

Zunächst versuchte man natürlich zu bestimmen, was für Teilchen da erzeugt wurden. Waren es nur Mesonen oder auch Nukleonen, und was waren ihre Massen, Ladungen, Spins? Dabei stellte sich heraus, dass die Kollisionen eine völlig unvorhergesehene Vielfalt verschiedenster Teilchen erzeugten. Neben Protonen und Neutronen erschienen vielerlei angeregte Nukleonzustände, die dann wiederum in Nukleonen und Mesonen zerfielen. Und für die Mesonen war die Situation genauso, es gab Pionen wie auch schwerere Mesonen, die in mehrere Pionen zerfielen. Jahr um Jahr verkündete jedes reputierliche Labor die Entdeckung einer weiteren Anzahl von neuen «Elementarteilchen». Wolfgang Pauli soll erschreckt gesagt haben: «Wenn ich das geahnt hätte, wäre ich Botaniker geworden.» Die ganze Entwicklung erinnerte doch sehr an die der ursprünglichen Atomidee. Man hatte einige wenige Arten erwartet und fand nach Dalton mehr als hundert verschiedene. Ähnliches geschah nun mit den sogenannten Elementarteilchen. Ständig anwachsende Listen erschienen, und heute verzeichnet das *Particle Data Group Booklet* über tausend, keiner zählt mehr nach. Was dies *Booklet* veröffentlicht, ist effektiv das Periodensystem der Elementarteilchen, die mithin wohl kaum noch sehr elementar sind.

Hinsichtlich ihrer Regelmäßigkeiten unterscheiden sich die Elementarteilchen jedoch sehr wohl von den Atomen. Es gibt Nukleonen und nukleonähnliche Teilchen, *Resonanzen*, die dann später in ein Nukleon und ein oder mehrere Mesonen zerfallen. Es wurde jedoch noch nie ein Teilchen erzeugt, das aus zwei oder mehr Nukleonen besteht. Im Gegensatz zu schwarzen Löchern scheinen die Elementarteilchen schon etwas «Haar» zu haben – außer Masse, elektrischer Ladung und Spin besitzen sie durchaus noch weitere Eigenschaften, die in der Kollision erhalten bleiben. Es gibt eine «Nukleonenzahl», die bestimmt, ob ein vorgegebenes Teilchen ein Nukleon enthält oder nicht. Und es gibt die entsprechenden Antinukleonen, die eine entgegengesetzte Nukleonenzahl haben müssen. Nukleonen können neutral, einfach oder doppelt elektrisch geladen sein, Mesonen neutral oder nur einfach geladen. Im Laufe der Jahre fand man dann noch andere, «seltsame» Mesonen, die sich von Pionen unterschieden. Das ergab für diese K-Mesonen, oder Kaonen, eine «Seltsamkeit» als neue Eigenschaft, die in Kollisionen auch wieder erhalten ist, durch Antikaonen mit entgegengesetzter Seltsamkeit. Weiter fand man dann auch seltsame Nukleonen, *Hyperonen*; diese und die normalen Nukleonen werden heute als *Baryonen* bezeichnet. Der Begriff «Nukleonenzahl» wurde zu «Baryonenzahl» erweitert. Alle in der starken Wechselwirkung auftretenden Elementarteilchen, Baryonen und Mesonen, werden als *Hadronen* zusammengefasst. Und wenn man die Idee von Ladung verallgemeinert, dabei Baryonenzahl, Seltsamkeit, Teilchen-Antiteilchen und elektrische Ladung auf irgendeine Weise zusammenfasst, dann hat man die «Haarlosigkeit» wiederhergestellt: Elementarteilchen habe Masse, Spin und verallgemeinerte Ladung, sonst nichts.

Damit wurde eine «elementarere» Infrastruktur der Elementarteilchen notwendig, genauso wie für die hundert und mehr Atome. Im Gegensatz zu den Atomen war die Struktur der Elementarteilchen jedoch recht vielschichtig: Baryon oder Meson, normal oder seltsam, dazu dann elektrische Ladung und Masse – all das war beim Zusammensetzen von einfacheren Konstituenten zu berücksichtigen. Und das Ergebnis musste immer ganzzahlig sein, kein Meson hatte eine elektrische Ladung größer als ±1, kein Baryon größer als ±2. Die Baryonenzahl war immer 0 (für Mesonen) oder ±1 (für Baryonen und Antibaryonen) und die Seltsamkeit 0, ±1, ±2. Wie und mit welcher Art von «Unterteilchen» sollte das möglich sein?

Die Quarks

brachten schließlich die Lösung, aber nicht umsonst ... Nach etlichen Vorarbeiten wurden sie 1964 von den amerikanischen Theoretikern Murray Gell-Mann (der ihnen auch den Namen gab) und George Zweig «erfunden». Zunächst waren diese Quarks imaginäre Objekte, punktförmige masselose Teilchen, aus denen man sich die Hadronen basteln wollte und die mithin gewisse Eigenschaften, «Quantenzahlen», aufweisen mussten: elektrische Ladung, Baryonenzahl, Spin und Seltsamkeit. Die Vorstellung war, dass die Masse der Hadronen durch die Wechselwirkungsenergie der Quarks und die räumliche Größe durch das Bindungsvolumen erzeugt würden.

Wenn wir uns auf die normalen, nicht seltsamen Hadronen beschränken, dann sind zwei Quarkarten erforderlich; sie werden heute mit u (für *up*) und d (für *down*) bezeichnet; für beide gibt es auch die entsprechenden Antiquarks, die mit $\bar{u}$ und $\bar{d}$ bezeichnet werden. Die Quantenzahlen dieser Quarks sind ein erster Hinweis auf den Preis, der entrichtet werden musste: In Abweichung von der beobachtbaren Welt sind elektrische Ladung und Baryonenladung nun nicht mehr ganzzahlig, also nicht mehr ein Vielfaches der Elektronladung. Deshalb ähnelte das Quarkmodell der Elementarteilchen zunächst dem heliozentrischen Planetenschema des Kopernikus: Es war ein Modell zum Berechnen von beobachteten Größen, aber auch nicht mehr. Wir listen die Quarkparameter hier auf; Antiquarks haben Ladungen und Baryonenzahlen von entgegengesetzten Vorzeichen.

	Spin	Elektrische Ladung	Baryonenzahl
u	1/2	+2/3	1/3
d	1/2	–1/3	1/3

Die Eigenschaften der u- und d-Quarks

Nukleonen entstehen durch die Verkopplung von drei solchen Quarks: *uud* ergibt ein Proton mit elektrischer Ladung +1 und Baryonenladung +1. Der Spin wird wie erforderlich 1/2, wenn sich zwei Quarks gerade kompensieren, also entgegengesetzt ausgerichtet sind, sodass der des dritten übrig bleibt. Das gilt auch für das Neutron, das mit *udd* die richtige elektrische Ladung null erhält. Alle sonstigen beobachteten normalen Nukleonen werden durch weitere Dreierkopplungen erzeugt; insbesondere ergibt *uuu* das sogenannte Δ^{++}; es ist doppelt geladen, hat einen Spin 3/2, zerfällt in ein Proton und ein positives Pion und wird in Proton-Proton-Kollisionen sehr häufig erzeugt. Die Mesonen bekommt man durch Kopplung eines Quarks mit einem Antiquark: So ergibt $u\bar{d}$ ein positives, $d\bar{u}$ ein negatives Pion. Da das Pion spinlos ist, müssen die Spins der beiden Quarkkonstituenten entgegengesetzt ausgerichtet sein.

Das Δ^{++} führte zunächst auf ein Dilemma und dann auf die heutige Theorie der starken Wechselwirkung. Es ist ein Zustand von drei *u*-Quarks. Um den Spin 3/2 zu erreichen, müssen alle drei Spins gleichgerichtet sein. Nach dem Pauli'schen Ausschließungsprinzip ist das aber nicht möglich, es können nicht drei identische Quarks im gleichen Zustand sein. Das führte zu dem Schluss, dass es eine zusätzliche, irgendwie versteckte Ladung der starken Wechselwirkung geben muss, so wie es die elektrische Ladung im Elektromagnetismus gibt, die man den neutralen Atomen nicht anmerkt. Ähnlich wie diese aus elektrisch geladenen Bestandteilen besteht, aus Kern und Elektronen, ist ein Nukleon aus Bestandteilen mit starken Ladungen zusammengesetzt, die sich wieder zu einem neutralen Ganzen binden.

Um die komplexere Struktur der Elementarteilchenwelt wiederzugeben, war eine komplexere Form der Zusammensetzung notwendig. Wie kann die Summe von drei gleichwertigen Ladungen null ergeben? Die Rettung kommt durch Vektoraddition. Wenn ein Eisbär am Nordpol aufbricht, zehn Kilometer nach Süden geht, dann zehn nach Osten und wieder zehn nach Norden, dann ist er wieder am Nordpol, obwohl er zwei rechtwinklige Wendungen gemacht und dreißig Kilometer zurückgelegt hat. Ein ähnlicher mathematischer

Formalismus gestattet die Addition der verschiedenen starken Ladungen zu einem neutralen Ganzen. Aus Gründen der Anschaulichkeit hat man die Ladungen der starken Wechselwirkung «Farben» genannt und zur Illustration meistens Rot, Blau und Grün gewählt, da die drei Farben, in gleichen Mengen addiert (etwa auf einem Fernsehbildschirm), auf Weiß führen. Das aus einem roten, einem blauen und einem grünen Quark zusammengesetzte Nukleon erscheint uns in unserer Welt als farblos.

Wie nicht anders zu erwarten, führte das Quarkmodell rasch zur intensiven Quarksuche. Kann man das Nukleon spalten, durch Kollisionen drittelzahlige elektrische Ladungen erzeugen? Alle Versuche sind negativ ausgegangen, nie ist ein freies Quark gefunden worden. Damit wurde endlich die Forderung des Lukrez erfüllt: Die Grundbausteine der Materie könne nie für sich allein existieren, nur verbunden miteinander, als Teil einer größeren Einheit, aus der keine Kraft sie herausbrechen kann. Demnach gibt es zwei Welten, ein «drinnen» und ein «draußen». Wir sind draußen, in unserer Welt gibt es keine farbigen Quarks. Die Quarks existieren drinnen, in ihrer Welt, die keinen leeren Raum, kein Vakuum in unserem Sinne enthält, dafür aber Farbladungen. Und beide Welten sind getrennt durch den Farbhorizont.

Im Elektromagnetismus sind die Photonen die Boten, die die Wechselwirkung zwischen elektrischen Ladungen vermitteln. Solche Boten sind auch in der starken Wechselwirkung erforderlich. Weil dort die Wechselwirkung zwischen verschiedenen Farben stattfindet, müssen auch die Boten farbig sein; rot-grüne vermitteln zwischen rot und grün, und so fort. Da eine wesentliche Aufgabe der Boten die Bindung von Quarks zu farblosen Hadronen ist, hat man sie *Gluonen* genannt (von *glue* = Klebstoff). Die Welt der Quarks enthält also einfarbige Quarks und Antiquarks zusammen mit zweifarbigen Gluonen.

Alle beobachteten Hadronen konnten auf diese Weise untergebracht werden: Die Quarkkombinationen (unter Hinzunahme eines weiteren, «seltsamen» Quarks) ergaben alle Teilchen in der Liste. Was noch fehlte, war die bereits erwähnte Theorie der starken Wechselwirkung. Sie kam dann etwa in den Siebzigern, als Murray Gell-Mann und sein deutscher Mitarbeiter Harald Fritzsch die *Quantenchromodynamik* vorstellten, QCD statt QED, da die elektrische Ladung der Quantenelektrodynamik jetzt durch die Farbladung («chromo») ersetzt wurde. Diese Theorie beschreibt die Wechselwirkung farbiger Quarks durch den Austausch zweifarbiger Gluonen, und sie gibt insbesondere an, wie sich die Quarks verhalten, wenn man ihren Abstand verändert: nämlich als ob sie mit einem Gummiband verbunden wären. Bei ganz kleinen Abständen bemerken sie einander gar nicht, sind völlig frei, das Gummiband hängt durch. Dieses Verhalten war von den amerikanischen Theoretikern David Gross, Frank Wilczek und David Politzer berechnet worden; es läuft heute unter dem Begriff *asymptotische Freiheit* und brachte den Wissenschaftlern den Nobelpreis für Physik des Jahres 2004. Versucht man jedoch, die Quarks voneinander zu trennen, spannt sich das Gummiband und die Bindungskraft wird immer stärker. Man kommt nicht sehr weit – bei einem Abstand von etwas mehr als einem Femtometer scheint die Bindung unendlich stark zu werden: Der Farbhorizont ist erreicht. Im Rahmen der analytischen Mathematik hat man das bisher nicht beweisen können. Das *Clay Mathematics Institute* in den USA offeriert demjenigen, der es beweisen kann, immer noch eine Million Dollar. Auf Großrechnern hat man allerdings numerische Ergebnisse erzielt, die klar die Untrennbarkeit der Quarks ergeben.

Ursprünglich wurde die Untrennbarkeit der Quarks als eine Art von permanenter Inhaftierung gesehen, *confinement;* die drei Quarks waren dazu verurteilt, den kleinen Raum von einem Kubikfemtometer auf ewig mit den beiden anderen zu teilen. Heute wissen wir, dass dies nur ein Aspekt der Theorie ist. Sie verlangt lediglich, dass ein Quark nie mehr als etwa einen Femtometer vom nächsten Quark entfernt ist. Das ist natürlich der Fall für die Quarkbestandteile der Hadronen. Aber diese Bedingung ist auch erfüllt, wenn wir ein Medium extrem hoher Quarkdichte betrachten, etwa das frühe Universum kurz nach dem Urknall. Da waren überall Quarks, und jedes einzelne konnte sich beliebig frei bewegen; es gab noch kein «draußen». Im nächsten Kapitel kommen wir auf eine solche Welt zurück.

An dieser Stelle wollen wir uns den Aufbau der Hadronen noch etwas näher ansehen; wie soll man sich

die Quarkstruktur des Nukleons

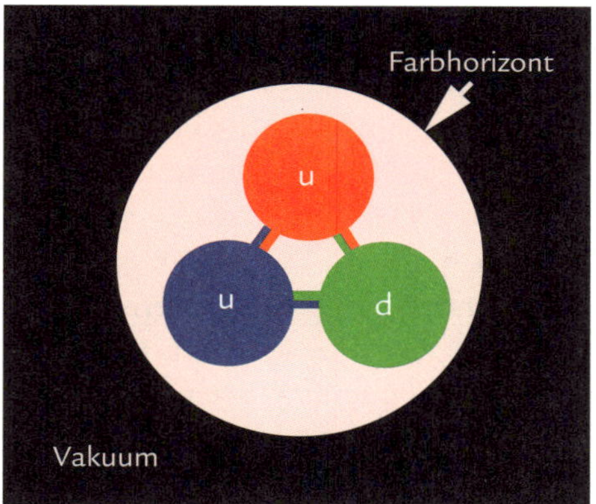

im Einzelnen vorstellen? Die Theorie geht zunächst aus von farbgeladenen Quarks, die sich in einem Umfeld von gleichfalls farbgeladenen Gluonen befinden. Die zunächst masselosen Quarks reagieren auf die Gluonen ähnlich wie ein trockener Schwamm auf Wasser: Jedes der drei Quarks saugt Gluonen auf; es gewinnt dadurch einerseits an Masse und bekommt andrerseits eine Dimension, ist nicht mehr punktförmig. Die drei so entstandenen Objekte nennt man meist *Konstituentenquarks;* sie sind nicht mehr die fundamentalen *nackten* Quarks, die in der Quantenchromodynamik als Bausteine auftreten, sondern sie haben sich bereits mit einer Wolke von Gluonen umgeben und dadurch sowohl Masse als auch Ausdehnung erhalten. Farbig aber sind sie weiterhin; neben der Einkleidung der nackten Quarks ist nun die zweite Funktion der Gluonen, sie miteinander zu einem farbneutralen Ganzen zu verbinden: dem Nukleon. Masse und Größe der Konstituentenquarks sind berechenbare Größen, die durch die Quantenchromodynamik vollständig bestimmt sind. Durch die sie umgebende Gluonwolke erhalten die Quarks eine Masse von etwa 300 MeV und einen Radius von etwa 1/3 Femtometer. Die Masse des Nukleons, 940 MeV, ergibt sich weitgehend aus den effektiven Massen der Konstituentenquarks, aus denen es besteht.

Die Schönheit der Quantenchromodynamik als Theorie war leider von Anfang nicht perfekt. Eine Theorie von zunächst masselosen und punktförmigen *u*- und *d*-Quarks von drei Farbladungen, wechselwirkend durch Gluonen von acht Farbkombinationen – eine solche Theorie entspräche schon einem gewissen Ideal. Ohne irgendwelche dimensionsbehafteten Zusatzannahmen könnte sie im Prinzip alle Hadronen beschreiben (bis auf das Pion; dazu kommen wir gleich). Die Massen der Hadronen entstehen aus den die Quarks umgebenden Gluonenwolken, die Radien aus der Größe des gebundenen Systems. Alles wäre so weit skalenfrei, gültig ganz allgemein. Um eine Skala zu erhalten, müsste man eine Messung machen, zum Beispiel die der Protonmasse. Das wäre dann die Maßeinheit für alle Observablen. Aber, wie Einstein einmal gesagt haben soll, wenn's nicht funktioniert, dann war's wohl auch nicht schön.

Hier jedenfalls funktionierte so einiges nicht. Zunächst würde eine solche Quantenchromodynamik zusätzlich auf masselose Mesonen führen; wir gehen in Kapitel sieben noch näher darauf ein. Das Pion wäre dafür ein Kandidat; es hat zwar nur eine kleine Masse, aber sie ist nicht gleich null, und zudem bestimmt sie die kurze Reichweite der starken Wechselwirkung. Außerdem sind die Massen von Proton und Neutron einander recht ähnlich, aber eben nicht gleich, wie das bei einer Theorie masseloser Quarks der Fall wäre. Es gab nur einen Ausweg: Die in die Theorie eingehenden Quarks müssten bereits von sich aus eine Masse haben, klein, aber nicht null und nicht gleich für *u* (2–3 MeV) und *d* (3–7 MeV). Diese Voraussetzung würde dann auch zu Verschiedenheit bei den Massen der Konstituenten-Quarks führen und damit die Massendifferenz von Proton und Neutron ermöglichen. Um eine Verwechslung mit der berechenbaren Konstituentenquarkmasse auszuschließen, nennen wir die so zusätzlich eingegebenen Werte die *inhärenten* Quarkmassen. Aus der Sicht der Quantenchromodynamik war diese Vorgabe ein willkürlicher Anbau, es handelte sich um der Theorie von außerhalb hinzugefügte skalenbehaftete Parameter – und damit war die Theorie nicht mehr eine «final theory».

Aber wie damals schon bekannt, war das noch nicht das Ende. Um die seltsamen Teilchen einzubauen, brauchte man ein seltsames

Quark, und dessen Masse musste etwa 100 MeV sein, fast so schwer wie das Pion. Und dann ging es weiter, mit einer später einmal als die Revolution von 1974 bezeichneten Entdeckung. Der chinesisch-amerikanische Experimentator Samuel C. C. Ting, Professor am Massachusetts Institute of Technology in Boston, hatte einen Großteil seiner Forschungstätigkeit der Frage gewidmet, welche Hadronen ein Elektron-Positron-Paar bei seiner Vernichtung erzeugen könnte. Im Jahr 1974 traf er den Jackpot: Die ansonsten glatte Massenverteilung der e^+e^--Paare zeigt bei etwa 3,1 GeV einen dramatischen Anstieg, eine aus der kontinuierlichen Verteilung herausragende Spitze: ein neues Teilchen. In seinem Experiment untersuchte er e^+e^--Paare, die in Proton-Proton-Kollisionen am Brookhaven National Laboratory bei New York erzeugt waren. Gleichzeitig betrachteten Burt Richter und seine Gruppe am Stanford Linear Accelerator in Kalifornien die direkte Vernichtung solcher e^+e^--Paare – mehr oder weniger die Umkehrung der Ting'schen Studien. Und auch in Stanford tauchte das Signal an der gleichen Stelle auf. Ein neues Meson war entdeckt, das nicht in dem Rahmen der bisherigen *u,d,s*-Quark-Mesonen untergebracht werden konnte; mit einer Masse von 3,1 GeV musste es aus einem neuen Quark-Antiquark-Paar bestehen. Dessen definierende Eigenschaft wurde dann als «Charm» bezeichnet, das neue Meson als J/ψ; zusammen mit seinen später noch entdeckten angeregten Zuständen erhält man so die Welt der *Charmonia*. Tings Name ist im J/ψ verewigt: *J* ist die chinesische Schreibweise von *Ting*.

Damit war die Geschichte aber immer noch nicht zu Ende. Im Jahr 1977 fand Leon Lederman am Fermilab bei Chicago eine weitere Spitze in der e^+e^--Massenverteilung. Das war in gewisser Weise ausgleichende Gerechtigkeit: Ledermann hatte als Erster auch die J/ψ-Spitze andeutungsweise gesehen, aber als vorsichtiger Experimentator nicht für nachweiskräftig gehalten. Bei der neuen war das der Fall bei 9,5 GeV, und somit kam ein weiteres Quark ins Spiel. Aus Symmetriegründen erwartete man nun noch ein sechstes, das dann 1995 gefunden wurde, wieder am Fermilab. Die beiden Fermilab-Quarks laufen heute unter den Namen *Top* und *Bottom*, sodass es nun drei *Quarkgenerationen* gibt, *up* und *down* für die beiden fast masselosen Quarks, *charm* und *strange* für die nächsten und dann *top* und *bottom* für die schwersten. Damit, so glaubt man heute, ist die starke Wechselwirkung komplett: sechs Quarksorten, jede von drei Farbladungen, und acht zweifarbige Gluonen, mit denen die Quarks wechselwirken. Die Gluonen sind, so der Jargon, «sortenblind»: Sie unterscheiden in ihrer Kopplung nicht zwischen den verschiedenen Quarksorten *u, d, c, s, t, b*. Wir fassen die Quarkwelt im Folgenden noch einmal tabellarisch zusammen, *Q* bezeichnet wieder die elektrische Ladung, *B* die Baryonenzahl und *m* die inhärente Quarkmasse.

Q = +2/3, B = 1/3	**u**	**c**	**t**
m [MeV]	2–3	1300	4200
Q = –1/3, B = 1	**d**	**s**	**b**
m [MeV]	3–7	100	175 000

Die drei Quarkgenerationen und ihre Parameterwerte

Das Unschöne daran sind die willkürlich in die Theorie hineingebrachten inhärenten Quarkmassenwerte. Eine Theorie von masselosen *u*- und *d*-Quarks würde keine dimensionsbehaftete Skala enthalten, sie wäre so etwas wie ein Bauplan der Natur. Die Hadronmassen wären durch die Gluonwolken der gebundenen Konstituentenquarks bestimmt, und die Skala würde durch das Messen irgendeines Hadrons festgelegt. Aus den schon erwähnten Gründen – endliche Pionmasse, verschiedene Proton- und Neutronmassen – geht das aber nicht auf. Infolgedessen ist die Quantenchromodynamik bestenfalls Teil einer größeren Theorie, die dann eben auch die Existenz und die numerischen Werte der inhärenten Quarkmassen erklären würde. Wir kommen später noch auf das sogenannte *Standardmodell* zurück, das diesen Anforderungen näher kommt, sie aber auch nicht vollständig erfüllt.

Wenn wir den heutigen Mikrokosmos betrachten – Materie in höchster Auflösung –, dann spielen die schweren Quarks *c, b* und *t* kaum eine Rolle. In einem thermischen Medium wie der Materie wird die Häufigkeit von Konstituenten durch deren Masse bestimmt, und so bleiben die schweren Hadronen mit mehr als Hundert Millionen Pionen pro Charmonium außerordentlich seltene Wesen. Schwere Quarks können in hochenergetischen Kollisionen erzeugt werden – jedoch selbst dort nur äußerst selten. Aber in der Beschreibung stark wechselwirkender Materie, bei Temperaturen bis zu Werten um einiges größer als die Entkopplungstemperatur, da können wir sie getrost außer Acht lassen.

Mit den Quarks haben wir das Ende der Reduktionskette erreicht, unsere Suche nach den kleinsten Bestandteilen der Materie so beendet, wie Lukrez das vor zweitausend Jahren gefordert hatte. Die Quarks existieren in ihrer eigenen Welt, aus denen keine Kraft sie entfernen kann. Diese Welt unterscheidet sich aber schon von einem schwarzen Loch, aus dem wir nichts wieder herausnehmen können. Wir können etwas in ein schwarzes Loch hineinwerfen, es verschwindet dort auf immer, und wir wissen nicht, was mit ihm geschehen ist. Im Falle der farbigen Quarkwelt können wir Sonden hineinsenden und untersuchen, was ihnen dort widerfährt. Wir können das Innere von Hadronen mit elektromagnetischen Sonden erproben; die kommen wieder heraus, da sie ja nicht der starken Wechselwirkung unterliegen, und so kennen wir die Hadronstruktur tatsächlich recht gut. Umfangreiche theoretische und experimentelle Untersuchungen haben gezeigt, dass bei kurzen Abständen die Quantenchromodynamik die Wechselwirkung zwischen Hadronen und die zwischen Hadronen und elektromagnetischen Konstituenten erfolgreich beschreibt. Das meiste, das wir heute über Hochenergiekollisionen wissen, wird nur verständlich im Rahmen von Quarkwechselwirkungen. Trotzdem, die Quarks können nie «heraus», und auch wir können sie nicht «herausholen» aus ihrer farbigen Welt.

Der Farbhorizont

bleibt die Grenze. Was passiert, wenn wir versuchen, ein Quark-Antiquark-Paar mit Gewalt zu trennen? Wir untersuchen gleich, wie man das in Beschleunigerexperimenten machen könnte – aber als Erstes wollen wir ein noch mächtigeres Instrument benutzen. Wir hatten ja gesehen, dass die Schwerkraft am Rande eines schwarzen Lochs einen der beiden Partner einer Teilchen-Antiteilchen-Fluktuation hineinziehen kann und der andere dann als Hawking-Strahlung übrig bleibt. Dieses Schicksal kann jede Fluktuation treffen, auch das Auftauchen eines Quark-Antiquark-Paars. Aber während das bei einem Elektron-Positron-Paar unproblematisch ist, sieht die Sache bei den Quarks schon anders aus. Die Fluktuation ist zwar farblos, aber wenn das Antiquark im schwarzen Loch verschwände, dann würde das die Abstrahlung eines farbigen Quarks in den physikalischen Raum bedeuten. Das schwarze Loch wäre jetzt farbig, es hätte die Farbe des absorbierten Antiquarks. Das Nichtvorhandensein farbiger Quarks in unserer Welt zeigt jedoch, wer bei der Auseinandersetzung Schwerkraft vs. Untrennbarkeit der Quarks gewinnt. Es gibt nur einen Ausweg: Wenn die Schwerkraft versucht, Quark und Antiquark zu trennen, erreicht irgendwann die Bindungsenergie des gequälten Paares einen Wert, bei dem ein neues Paar aus dem Dirac-See auftauchen und real werden kann. Das neue Quark begleitet das Antiquark ins schwarze Loch, während das neue Antiquark sich mit dem verbleibenden Quark zu einem Hadron verbindet und als solches in den Weltraum fliegt. Die Hawking-Strahlung der starken Wechselwirkung besteht mithin aus farbneutralen Hadronen, niemals aus farbigen Quarks. Schwarze Löcher bleiben schwarz.

Um diese Form der Farbneutralitätserhaltung etwas näher zu untersuchen, kehren wir zu dem idealen Hadronerzeugungsexperiment zurück, der Vernichtung eines energiereichen Elektron-Positron-Paars. Wir sind uns heute sicher, dass dieser Weg tatsächlich zur Erzeugung eines Quark-Antiquark-Paars führt. Die Vernichtung des Elektron-Positron-Paars erzeugt einen Blitz, ein virtuelles Photon, das sich dann in ein Quark-Antiquark-Paar mit auseinanderfliegenden Partnern verwandelt. Das Ganze ist aber farbneutral, darum können wir die Partner auch nicht sehen. Aber wir können diesen Ausbruchsversuch in einer Bilderreihe illustrieren.

Solange Quark und Antiquark noch dicht beisammen sind, hält nichts ihren Flug auf. Aber mit zunehmendem Abstand greift die Gluonbindung zwischen den beiden und zeigt ihnen, dass es so nicht beliebig weitergeht. In der klassischen Physik würden sie so lange auseinanderfliegen, bis alle kinetische Energie in potentielle Energie des Bindungsbandes verwandelt wäre, und dann würden sie wieder zusammenfinden und so weiter, wie ein Jo-Jo. Aber all das findet in einer Quantenwelt statt, und wenn die Energie im Bindungsband groß genug ist, um ein neues Paar zu erzeugen, dann geschieht das auch: Das Band reißt, ein neues Paar entsteht, und die beiden ursprünglich vorhandenen Quarks machen nun Partnertausch. Das alte Quark verbindet sich mit dem neu erzeugten Antiquark, und das alte Antiquark verhält sich entsprechend. Die so entstandenen beiden Systeme sind wieder farbneutral und können deshalb ungestört auseinanderfliegen. Das Problem ist allerdings, dass währenddessen das neue Paar im Laborsystem ruht. Die alten Quarks müssen ihre neuen Partner mitreißen, und dieses Reißen führt dazu, dass sich der ganze Vorgang wiederholt. Wenn das Bindungsband des durch Umkopplung neu entstandenen Quark-Antiquark-Paars wieder einen Energiewert erreicht, der für die Erzeugung eines weiteren Paars genügt, dann entsteht auch das wieder. Und während das alte Quark so mit ständig neuen Partnern weiterfliegt, bleiben die übrig gebliebenen als Hadronen zurück, als die Unruh-Strahlung der e^+e^--Vernichtung. Anders gesehen: Jedes Mal, wenn das mitgerissene Quark seinen Farbhorizont erreicht, muss es einen Preis zahlen, um weiterzudürfen. Es muss genug Energie abgeben, um ein Hadron zu erzeugen. Das Ganze geht so lange weiter, bis alle Energie verbraucht ist.

Die ersten in einer solchen Kaskade erzeugten Hadronen sind noch recht langsam. Aber je später sie entstehen, desto stärker wurden ihre Auslösequarks schon mitgerissen und desto schneller sind sie. Die Kaskade hat eine ganz bestimmte Ablaufstruktur: Zuerst erscheinen die langsamen Hadronen, dann Zug um Zug immer schnellere. Wir hatten schon erwähnt, dass es zwei verschiedene Betrachtungsweisen des Vorgangs gibt. In der einen kommt es zu einer schrittweisen Neuerzeugung und Umkopplung von Quark-Antiquark-Paaren. In der anderen versucht das ursprünglich «alte» Quark den ersten neu entstandenen Partner mitzuziehen, von der Geschwindigkeit null auf seine eigene zu bringen. Dies führt dazu, dass der konstant beschleunigte neue Partner jedes Mal bei Erreichen seines Farbhorizonts Hadronen als Unruh-Strahlung emittiert. Diese Strahlung können wir sehen und messen – sie ist unser einziger Hinweis auf das unsichtbare beschleunigte Quark.

Wie können wir nachprüfen, ob dieses Bild Sinn macht? Die Unruh-Strahlung darf uns nichts aus der Welt der Quarks mitteilen, außer der zum Zerreißen der Bindung notwendigen Energie, die ein Maß der Beschleunigung ist. Die Hadronen müssen stochastisch sein, zufällig verteilt, gewürfelt. Erinnern wir uns daran, was beim Würfeln passiert. Wenn wir zwei Würfel werfen, beträgt die Wahrscheinlichkeit, dabei auf eine Summe von zwölf zu kommen, gerade 1/36, da jeder Würfel mit Wahrscheinlichkeit 1/6 die Sechs zeigt. Im Gegensatz dazu ist die Wahrscheinlichkeit für eine Summe von sieben gleich 6/36 = 1/6. Wenn wir das übersetzen, heißt es, dass ein leichtes Hadron mit Masse sieben sechsmal wahrscheinlicher ist als ein schweres mit Masse zwölf. Wenn die Erzeugung der Hadronen wirklich per Zufall erfolgt, können wir die relativen Häufigkeiten der verschiedenen Arten vorhersagen.

Mehr noch: Im Unruh-Bild ist die Temperatur bestimmt durch die Beschleunigung, hier durch die Energie des Bindungsbandes. Diese ist völlig unabhängig davon, wie groß die ursprüngliche Energie des sich vernichtenden Elektron-Positron-Paars war. Die relativen Häufigkeiten der verschiedenen Hadronen müssen gleich bleiben, egal ob das Experiment nun bei 10 oder bei 1000 GeV durchgeführt wird. In der Tat stimmt das alles: Die relativen Häufigkeiten aller in der Elektron-Positron-Vernichtung erzeugten Hadronen, aller Pionen, Kaonen, Nukleonen usw., sind genau jene, die man für ein thermisches System von vorgegebener Temperatur erwarten würde. Und diese Temperatur wiederum entspricht exakt derjenigen

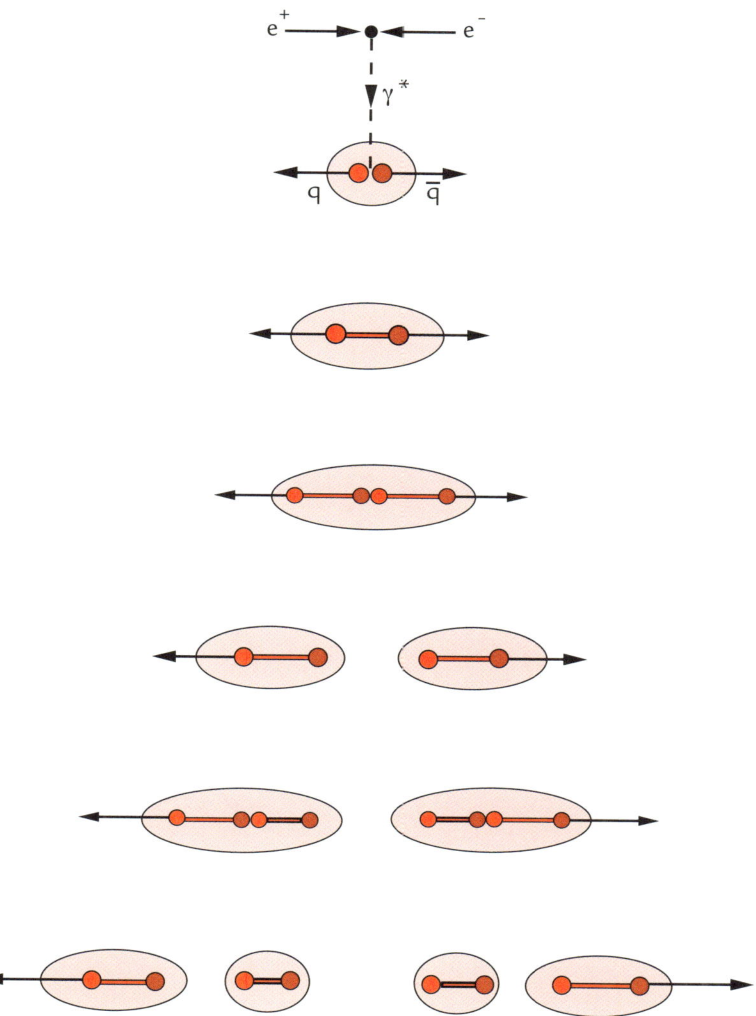

Von der Elektron-Positron-Vernichtung zur Vielfacherzeugung von Hadronen

einer Unruh-Strahlung, wie sie durch die Quarkbindung festgelegt ist. Wir kehren zu einer solchen universellen Form der Hadronentstehung im nächsten Kapitel noch zurück. Hier halten wir fest, dass sowohl die Häufigkeiten als auch die entsprechende Temperatur gleich bleiben, selbst wenn die Vernichtungsenergie um Größenordnungen verändert wird.

Die Quarks müssen demnach ewig hinter ihrem Farbhorizont verweilen - versteckte Würfel in einer anderen Welt. Aber sie hinterlassen bei ihrem Durchgang das Leuchten thermischer Hadronen als Hinweis auf ihre Existenz. Und im Gegensatz zu der unsichtbaren Hawking-Strahlung der schwarzen Löcher können wir diese Strahlung beobachten und messen.

Natürlich waren wir alle dort – sagte der uralte Qfwfq – wo denn sonst?
Dass es einen Raum geben könnte, wusste ja damals noch niemand.
Und eine Zeit, dito – was hätten wir auch damit anfangen sollen,
zusammengedrängt wie die Ölsardinen?

Italo Calvino, *Cosmicomics*, 1984

6. Quarkmaterie

war der Urzustand des Universums, in den ersten Sekundenbruchteilen nach dem Urknall, ganz am Anfang, und diese Materie war völlig anders als die unserer heutigen Welt. Heute bilden Protonen und Neutronen Kerne im leeren Raum, im physikalischen Vakuum; diese Kerne verbinden sich wiederum mit Elektronen zu Atomen, und aus denen besteht dann unsere Materie. Die Quarkmaterie des frühen Universums enthielt keinen leeren Raum, der kam erst später. Es gab keinen Kubikzentimeter, in dem «nichts» war. Quarkmaterie ist älter als das Nichts. Versuchen wir deshalb einmal, vor unserem geistigen Auge einen solchen Zustand zu rekonstruieren.

Nach vierzehn Milliarden Jahren Expansion ist unser Universum heute im Mittel ziemlich leer. Es gibt riesige, absolut leere interstellare Regionen, dann ab und zu eine Galaxie, einige Sternhaufen und dann wieder viele Lichtjahre nichts. Aber in unserer Vorstellung können wir zurückfahren, den Film der Weltentwicklung rückwärtslaufen lassen. Der Raum zieht sich jetzt wieder zusammen, die Dichte von Materie und Energie werden immer größer, je weiter wir zurückgehen. Sterne werden Wolken aus heißem Gas und verbinden sich miteinander, Atome lösen sich auf, und es bildet sich ein Plasma von ungebundenen Kernen und Elektronen. Zu diesem Zeitpunkt – das Universum ist jetzt etwa 300 000 Jahre jung, seine mittlere Temperatur etwa 3000 °K – entstand die kosmische Hintergrundstrahlung, die wir heute noch im gesamten Universum vorfinden. Je weiter wir den Film zurückspulen, desto jünger, heißer und dichter wird das Universum. Es enthält Photonen, Elektronen und Positronen, natürlich viele Neutrinos. Aber nun kommen auch die kurzreichweitigen starken Kernkräfte ins Spiel, sodass ein Großteil der Energie die Form stark wechselwirkender Elementarteilchen annimmt, von *Hadronen:* Nukleonen, Antinukleonen und Mesonen. Was passiert, wenn dieses heiße Hadrongas weiter komprimiert wird? Wie sah diese frühe Phase des Universums aus?

Um einen ersten Eindruck zu bekommen, stellen wir uns Hadronen als kleine, harte Kugeln vor, alle gleich groß, und fragen uns, wie man solche Kugeln möglichst dicht zusammenpacken kann. Das ist eine alte Frage, die sich aber als komplizierter erweist, als man zunächst denkt. Wenn die Sache von einem ordentlichen Dekorateur in einem Obstladen übernommen wird und die Kugeln Apfelsinen sind, weiß man, wie es ausgeht. Letztendlich ist dann im Inneren des Stapels jede Apfelsine von zwölf anderen umgeben. Dass dies die dichteste Form der geordneten Packung identischer Kugeln ist, hat bereits 1611 der Astronom und Mathematiker Johannes Kepler vermutet.

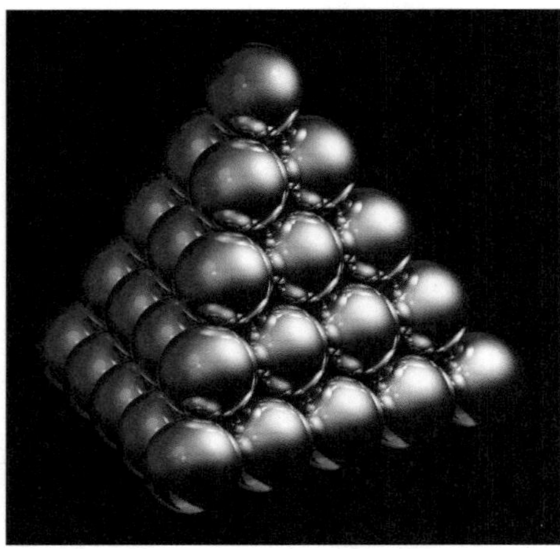

Gestapelte Kanonenkugeln

Auf dieses Problem gebracht hatte ihn der englische Mathematiker Thomas Harriot. Harriot war Assistent von Sir Walter Raleigh, dem berühmten englischen Seefahrer, der sich gefragt hatte, wie man am besten Kanonenkugeln auf Schiffen stapeln könnte. Keplers Vermutung war eben der heute noch gängige Obstladenstapel, mit einer Dichte von $\pi/\sqrt{18} = 0{,}74$ Kugeln pro Volumen. In anderen Worten, im Inneren des Stapels sind 74 % des Raums mit Kugeln gefüllt, 26 % bleiben leer.

Im Jahr 1831 konnte dann der große Mathematiker Carl Friedrich Gauß die Kepler'sche Vermutung beweisen: Sie ergibt in der Tat die dichteste geordnete Packung von identischen Kugeln. Wenn wir die Kugeln einfach in ein Behältnis kippen, statt sie ordentlich zu stapeln, erreichen wir nie diese Dichte. Der dann erreichte Wert lässt sich allerdings nicht so leicht berechnen; erst 1998 hat der amerikanische Mathematiker Thomas C. Hales einen per Computer erstellten numerischen Beweis vorgelegt, nach dem die ungeordnete Dichte geringer sein muss als die geordnete Kepler'sche. Wenn wir die Kugeln in das Behältnis geschüttet haben, können wir deren Dichte immer noch geringfügig erhöhen, indem wir den Behälter etwas schütteln. Das geht zumindest auf Erden – im Weltraum, ohne Schwerkraft, ist der Effekt nicht so klar. Jedenfalls bezeichnen die zuständigen Physiker Keplers Kanonenkugellösung als *geordnete dichte Packung*, die durch beliebiges Füllen eines Behälters, nebst Rütteln und Schütteln, erreichte hingegen als *ungeordnete dichte Packung*. Die Letztere führt, nach Computerberechnungen, auf eine Dichtegrenze von 0,64 – etwa 10 % niedriger als das geordnete Ergebnis.

Da wir durch Streuexperimente die Größe von Kernen kennen und durch das Atomgewicht auch wissen, wie viele Nukleonen ein Kern enthält, können wir die mittlere Nukleonendichte im Kern bestimmen: etwa $0{,}16/\text{fm}^3$. Aus Streuexperimenten kennen wir auch die Größe der Nukleonen, etwa 0,8 fm, und so können wir ausrechnen, wie dicht die Nukleonen im Kern gepackt sind. Man erhält einen «Füllungsfaktor» von etwa 50 %, weniger als selbst eine ungeordnete dichte Packung. Die Nukleonen haben im Kern mithin noch etwas Bewegungsraum – aber nur wenig. Die benachbarten Nukleonen verhindern, dass sich irgendein Nukleon durch den ganzen Kern bewegen kann. Obwohl die Nukleonen einander meist nicht berühren, beschränken sie sich doch gegenseitig auf eine endliche Umgebung.

Schwere Kerne sind die dichteste Materie, die es (normalerweise) auf Erden gibt; wir werden später Versuche beschreiben, in Beschleunigerexperimenten kurzzeitig noch höhere Dichten zu erzeugen. Im Weltraum gibt es vermutlich noch höhere Dichten in Neutronensternen – in stellaren Gebilden, die, nachdem ihr Kernfusionsofen ausgebrannt war, durch die Gravitation so weit kollabiert sind wie möglich. Abschätzungen haben ergeben, dass das tiefe Innere von Neutronensternen Dichten von bis zum Dreifachen der Kerndichte erreicht, Werte, die selbst die der geordneten dichten Packung deutlich übertreffen. Aus diesem Grund vermuten Astrophysiker seit längerem, dass im Inneren von solchen Sternen eine neue Zustandsform vorliegen muss, dass hier Quarkmaterie existiert.

Im vorigen Kapitel hatten wir schon gesehen, dass Nukleonen «in Wirklichkeit» keine harten Kugeln sind, sondern eine Verkopplung von drei Quarks. Solche Gebilde kann man aber ineinanderpressen. Zunächst sieht jedes Quark dabei nur die beiden Partner, mit denen es gemeinsam das Nukleon bildet. Es erkennt die Farbladung dieser Partner, und es erkennt einen Farbhorizont, der seine Welt beschränkt. Mit zunehmender Dichte aber gerät das alles ins Wanken. Die Nukleongebilde durchdringen einander, die durch den Nukleonradius bestimmten hadronischen Bereiche verschmelzen zu immer größeren Gebieten, in denen ein Quark nicht nur seine Ausgangspartner sehen kann, sondern auch noch viele andere. Und das Quark kann nun nicht mehr festlegen, welche davon in der vergangenen hadronischen Welt seine Bindungspartner waren. Von diesem Punkt an hat daher der Begriff des Hadrons, als einer farbneutralen Einheit, seinen Sinn verloren. Das System besteht jetzt einfach aus Quarks, und zwar in einer solchen Dichte, dass eine Aufteilung in Hadronen keinen Sinn mehr macht. Demzufolge muss es einen Übergang geben von der normalen hadronischen zur Quarkmaterie.

Nun könnte man denken, dass dieser Übergang so ähnlich ist wie der Vorgang, der bei der Ionisierung von Atomen stattfindet, bei dem Aufbrechen von gebundenen Kern-Elektron-Einheiten zu getrennten Kernen und Elektronen. Das ist aber nicht der Fall, denn sowohl die Atome als auch später die Kerne und Elektronen existieren im Vakuum, im leeren Raum. Es gibt ein einzelnes Atom, und genauso gibt es auch einen einzelnen Kern und ein einzelnes Elektron. In unserer Welt jedoch kann ein einzelnes Quark nicht existieren; das Medium, in dem sich die Quarks bewegen, ist nicht das normale physikalische Vakuum. Es ist eine andere Welt; in unserer gibt es nur gebundene Zustände von drei Quarks oder einem Quark-Antiquark-Paar.

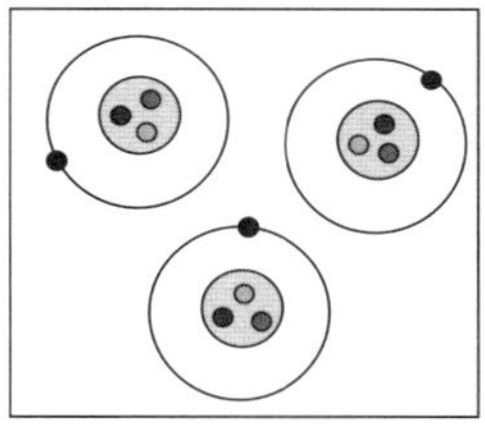

Atomare Materie

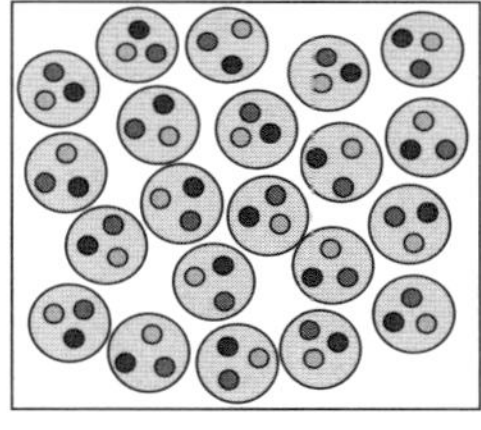

Kernmaterie

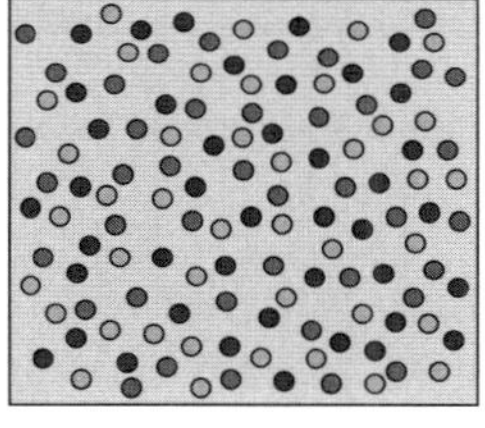

Quarkmaterie

Um uns das Verhalten beim Übergang von hadronischer Materie in Quarkmaterie vorzustellen, erinnern wir uns an Wasser in der Nähe des Siedepunkts. Kurz unterhalb von 100 °C gibt es Luftblasen im Wasser und kurz über diesem Punkt Wassertröpfchen in der Luft. Wenn sich die Temperatur dem Siedepunkt von unten nähert, verschmelzen die einzelnen Luftblasen zu immer größeren; von oben kommend, verbinden sich die Wassertröpfchen. In hadronischer Materie, kurz unterhalb der kritischen Dichte, finden wir zunehmend mehr Tröpfchen, in denen sich farbige Quarks zu größeren farbneutralen Einheiten binden, während es oberhalb des Übergangs noch eine endlich große Anzahl endlich großer Tröpfchen des leeren Raums im Meer farbiger Quarks gibt. Der eigentliche Horizont wird demzufolge bestimmt durch die Dichte der Materie.

Ein solches Verschmelzen von Gebilden, von Teilchen bestimmter Ausdehnung zu einem großen zusammenhängenden Bereich hat in den vergangenen fünfzig Jahren zum Entstehen eines neuen, sehr allgemeinen Forschungsgebietes geführt, zu der Untersuchung von *Perkolation*. Die grundlegende Frage ist, wann viele Einzelteile ein zusammenhängendes Ganzes bilden.

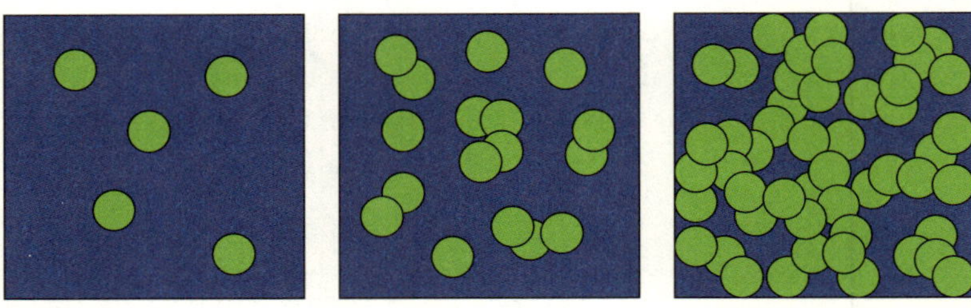

Seerosen auf einem Teich

Eine hübsche Illustration liefert der von Perkolationstheoretikern gern zitierte Fall von Seerosen auf einem Teich. Mit zunehmender Dichte schieben sich die Blätter teilweise übereinander, bis sie schließlich eine zusammenhängende Fläche bilden. Es gibt somit einen kritischen Punkt in der Dichte, von dem an eine Ameise trockenen Fußes von der einen Seite des Teiches zu der andern gelangen kann. Das ist der Perkolationspunkt.

Ein anderes, auch recht nützliches Beispiel sind Münzen (aus Metall), die man willkürlich auf einer Fläche verteilt; sie dürfen auch übereinanderliegen. Wenn wir nun zwischen den beiden Seiten der Fläche eine elektrische Spannung anlegen, dann beginnt am Perkolationspunkt Strom von der einen Seite zur anderen zu fließen. Der Perkolationspunkt entspricht hier dem Einsetzen von elektrischer Leitfähigkeit.

Das Erstaunliche an der Perkolation ist, dass der Übergang von getrennten Einheiten zu einem zusammenhängenden Gebilde sehr plötzlich stattfindet. Daher stammt letztlich auch der Name: Gießt man Wasser in eine mit Kaffee gefüllte Filtertüte, passiert zunächst gar nichts, der Kaffee absorbiert das einsickernde Wasser. Dann aber, wenn die kritische Wassermenge erreicht ist, fließt die Flüssigkeit plötzlich ungehemmt hindurch, sie *perkoliert*. Ähnliches geschieht bekanntlich beim Blumengießen.

Die Perkolationstheorie hat außerordentlich viele Anwendungen in den verschiedensten Bereichen von Naturwissenschaft und Technik. Sie beschreibt nicht nur das erwähnte Einsetzen von Durchfluss und elektrischer Leitfähigkeit, sondern auch das «Festwerden» von Pudding oder Eiweiß, die Ausbreitung von Waldbränden, die Entstehung von Galaxien und vieles mehr. In unserem Falle können wir diese Theorie benutzen, um abzuschätzen, wann sich hadronische Materie in Quarkmaterie verwandelt.

Dazu stellen wir uns Hadronen als Kugeln im dreidimensionalen Raum vor, die ineinander eindringen können. Wenn wir solche Kugeln willkürlich verteilen, dann – so die Perkolationstheorie – verschwindet der zusammenhängende leere Raum bei einer Dichte von 1,2 Hadronen pro Hadronvolumen. In anderen Worten, ab dieser Dichte gibt es nur noch endliche isolierte Bereiche, in denen nichts ist. Bei dieser kritischen Dichte sind etwa 71 % des Raums von ineinander eindringenden Hadronen bedeckt, die restlichen 29 % sind die verbleibenden Blasen leeren Raums. Wenn wir auf irgendeine Weise eine solche Hadronendichte erzeugen können, so wird sich hadronische Materie in Quarkmaterie verwandeln, ganz plötzlich, so wie der Kaffee plötzlich aus dem Filter fließt.

Der Übergang von hadronischer Materie in Quarkmaterie scheint zu bedeuten, dass die Quarks nun nicht mehr gebunden sind, dass Quarkmaterie aus vielen freien beweglichen Quarks besteht. Das ist einerseits richtig: Jedes Quark kann sich nun in der Quarkmaterie über beliebige Entfernungen bewegen, es ist nicht mehr gezwungen, in einem Volumen von einem Fermi-Radius mit zwei festgelegten Partnern zu leben. Aber diese neu gewonnene Freiheit ist nur möglich, weil überall Quarks sind; wohin ein bestimmtes Quark auch kommt, es ist immer umgeben von vielen anderen; nur deshalb kann es sich bewegen, wohin es will. Die Freiheit bedeutet demnach nicht, dass ein Quark sich aus der Vielzahl der anderen entfernen kann.

Für Hadronen, wie auch für uns, ist der Zustand der niedrigstmöglichen Energie der leere Raum, das Vakuum. Für die Quarks ist das nicht der Fall, sie leben in ihrer Welt, ein bisschen so wie Fische im Wasser, für die leerer Raum in ihrem Sinne die Tiefe des offenen

Meeres bedeutet, leeres Wasser. Ihr Gewicht in diesem Raum unterscheidet sich von dem, das sie in unserer Welt haben. Der Nullpunkt, für Gewicht wie für Druck, ist im Wasser anders als in der Luft.

Mit Hilfe der Perkolationstheorie konnten wir abschätzen, bei welcher Dichte Quarkmaterie entstehen sollte. Diese Abschätzung ist aber keine wirkliche physikalische Berechnung. Wir hatten einfach angenommen, dass die Hadronen kleine Kugeln sind, deren Größe wir durch Streuexperimente bestimmt hatten. Für eine wirkliche Berechnung sollten wir von einer Theorie der Kernkräfte, der *starken Wechselwirkung* ausgehen und aufgrund dieser Theorie dann alles berechnen: die Massen der verschiedenen Hadronen, ihre Größe, ihre Wechselwirkung und eben auch die möglichen Zustandsformen von stark wechselwirkender Materie.

Im vorigen Kapitel hatten wir gesehen, dass es heute in der Tat eine solche Theorie gibt, die Quantenchromodynamik, die im letzten Drittel des vergangenen Jahrhunderts entwickelt und experimentell hervorragend bestätigt wurde. Gesagt, getan: Nehmen wir diese Theorie und berechnen damit den Übergang zur Quarkmaterie und deren Eigenschaften. Dabei stoßen wir allerdings auf ein fundamentales Problem der Physik und, wie wir gleich sehen werden, nicht nur der Physik. Physikalische Theorien beschreiben im Allgemeinen die Wechselwirkung zwischen zwei Objekten. Die Gravitationstheorie, die Theorie der Schwerkraft, gibt die Form und Stärke der Kraft zwischen zwei Massen an, zwischen Sonne und Erde oder zwischen einem Stein und der Erde. Die elektromagnetische Theorie beschreibt die Kräfte zwischen zwei elektrischen Ladungen, seien sie positiv oder negativ. Und so bestimmt die Quantenchromodynamik die Wechselwirkung zwischen zwei Quarks. Alle diese Theorien lassen sich in den meisten Fällen auch durchaus auf das Verhalten von drei oder vier Objekten anwenden. Aber Materie besteht aus (fast) unendlich vielen Teilchen, und solche Systeme zeigen

kollektives Verhalten.

Wenn ein Zoologe alles über eine Ameise weiß, ihren Körperbau bestimmt hat, ihre Organe und ihr Nervensystem kennt – dann weiß er damit noch nichts über das Verhalten einer Ameisenkolonie. Ein Physiker, der das Heliumatom in allen Einzelheiten studiert hat, seine Anregungszustände kennt und mit Hilfe der Quantenmechanik genau berechnet hat – dieser Physiker kann mit all diesem Wissen nichts sagen zum Verhalten von Materie aus Helium bei tiefen Temperaturen, wo plötzlich (und völlig unvorhergesehen) Supraleitfähigkeit und Ähnliches auftreten. Mit anderen Worten, es gibt ein *kollektives Verhalten* vieler Komponenten, das aus der Kenntnis des individuellen Verhaltens von einzelnen Komponenten nicht wirklich vorhersagbar ist. Auch das Verhalten von Menschenmassen ist ja meistens schwer vorhersagbar, selbst wenn das der Einzelwesen recht bekannt ist. Eines der heute stark wachsenden Forschungsgebiete ist das der Schwarmintelligenz, die sich nicht wirklich «herleiten» lässt aus einer Einzelintelligenz. Auch im Rahmen der Physik stellt sich die entsprechende Frage: Gegeben die *Dynamik*, wie kommt man zu *Thermodynamik?* Die Dynamik beschreibt das Wechselwirkungsverhalten von zwei Körpern, die Thermodynamik das kollektive von sehr vielen.

Die Grundlagen für die Untersuchung kollektiver Phänomene hat vor etwa 150 Jahren der österreichische Physiker Ludwig Boltzmann gelegt. Er hatte sich vorgestellt, dass bei einem vorgegebenen Vielteilchensystem fester Gesamtenergie in einem Kasten ein imaginäres Superwesen, ein Maxwell'scher Dämon, alle möglichen Zustände des Systems ausrechnen könnte; er würde für jedes Teilchen alle Positionen und Impulse aufschreiben (das war noch zu Zeiten der klassischen Physik!) und diese dann in einem riesigen Katalog niederschreiben. Davon ausgehend, stellte Boltzmann als Grundpostulat der statistischen Physik die *Annahme gleicher A-priori-Wahrscheinlichkeiten* auf: Das System befindet sich in jedem dieser Zustände mit der gleichen Wahrscheinlichkeit. Teilen wir nun die gesamte Menge der Zustände in Untermengen auf, dann wird sich das System vorzugsweise in den Untermengen finden, die die meisten Zustände enthalten.

Es gibt eine (fast) unvorstellbar große Anzahl von Zuständen, bei denen die Luftmoleküle in einem Zimmer gleich verteilt sind, und nur einen, bei dem sie alle in einer Ecke sitzen und der Rest des Raums leer ist. Ersticken durch statistische Fluktuationen ist demzufolge außerordentlich unwahrscheinlich. Das wesentliche Maß für den Zustand eines Systems ist mithin seine *Entropie:* Sie misst die Anzahl der erlaubten Zustände. Da dies alle möglichen Positionen und Impulse aller Teilchen bei fester Gesamtenergie E im Volumen V beinhaltet, ist diese Anzahl $\Sigma(E,V)$ riesig, und man definiert die Entropie $S(E,V)$ als ihren Logarithmus, $S(E,V) = k \ln \Sigma(E,V)$. Die Proportionalität wird durch die *Boltzmann-Konstante k* festgelegt; zusammen mit der Lichtgeschwindigkeit c, der Schwerkraftkonstanten G und der Planck'schen Konstanten h erhalten wir so die vier Grundkonstanten der Physik. Die Entropie bildet die fundamentale Größe der statistischen Physik. Das Grundgesetz der Thermodynamik besagt, dass sie nie abnehmen darf. Wenn sich der Zustand eines Systems ändert, dann in Richtung der größeren Anzahl erlaubter Mikrozustände, nie umgekehrt.

Aus diesen Überlegungen entstand der Formalismus der *statistischen Mechanik*, mit deren Hilfe man die Zustände von Vielteilchensystemen beschreiben kann (etwas mehr dazu ist in Anmerkung A7 angeführt). Viele Wassermoleküle in einem vorgegebenen Volumen führen bei niedriger Gesamtenergie – in der Sprache der Thermodynamik, bei niedriger Temperatur – zu Eis, mit anwachsender Energie (höherer Temperatur) zu Wasser, das wesentlich mehr ungeordnete Mikrozustände bietet als die Kristallstruktur von Eis. Noch weiterer Temperaturanstieg ergibt schließlich ein Gas. Die verschiedenen Übergänge werfen schließlich die Frage auf, welche Bedingungen das System zum Wechsel veranlasst.

Bis vor etwa dreißig Jahren war Boltzmanns Ausgangspunkt – alle möglichen Zustände eines Vielteilchensystems zu berechnen – selbst für Systeme mittlerer Größe absolut utopisch. Man musste deshalb vereinfachende Annahmen hinzuziehen. Deren wesentlicher Gedanke war: «Teile und herrsche.» War die Wechselwirkung zwischen den Konstituenten nicht allzu stark, konnte man annehmen, dass das Gesamtsystem aus nur schwach korrelierten Untersystemen bestand: Der Grenzfall ist dann ein *ideales Gas*, in dem die Moleküle überhaupt nicht miteinander wechselwirken, sondern nur der Erhaltung der Gesamtenergie und der Restriktion des Gesamtvolumens unterworfen sind. Von Fall zu Fall konnte man «ein bisschen» Wechselwirkung hinzunehmen; auf diese Weise erhielt man die übliche statistische Thermodynamik in ihrer ganzen Vielfalt.

Problematisch wurde die Sache nur, wenn die Wechselwirkungen zu stark wurden und über zu große Entfernungen wirksam blieben. Das war immer dann der Fall, wenn ein Übergang von einem Zustand (Wasser) in einen anderen (Eis) stattfand. An diesen *kritischen Punkten* erkennt das System, wie groß es tatsächlich ist, und es lässt sich nicht mehr als die Summe kleiner Systeme behandeln. Es gab also viele unzugängliche Bereiche – Verdampfen, Schmelzen, Gefrieren, das Einsetzen von Leitfähigkeit, von Magnetisierung und verschiedene ähnliche Vorgänge. Die Untersuchung solcher kollektiven Phänomene erforderte eine grundlegend neue Physik, deren theoretische Grundlagen in den letzten fünfzig Jahren entstanden sind – die Physik von kritischem Verhalten. Für seine bahnbrechenden Arbeiten auf diesem Gebiet erhielt der amerikanische Theoretiker Kenneth Wilson im Jahr 1984 den Nobelpreis für Physik. Die tatsächliche Berechnung von Übergangsphänomenen hat sich aber, trotz des neuen theoretischen Rahmens, weiterhin als sehr schwierig erwiesen.

Als Isaac Newton vor vierhundert Jahren die Mechanik als physikalische Theorie formulierte, hat er auch die zu den Berechnungen der Theorie notwendige Mathematik mitgeliefert, den «Calculus», die von ihm und Gottfried Leibniz entwickelte Infinitesimalrechnung. Für die neue Physik fehlt bis heute die dazugehörige Mathematik. Das Gegenstück zu Newtons fallendem Apfel ist in der Physik kollektiven Verhaltens so etwas wie ein Go-Spiel: ein Gitter, auf dessen Schnittpunkte willkürlich Steine gesetzt werden. Wie viele Steine, relativ zur Anzahl der Schnittpunkte, müssen gesetzt werden, damit das System perkoliert, mit anderen Worten eine geschlossene Verbindung zwischen gegenüberliegenden Seiten entsteht? Schon dieses einfache Problem ist im Rahmen unserer heutigen Mathematik nicht exakt lösbar! Und so wäre die schöne neue Theorie, was die Anwendung anbelangt, nicht viel weitergekommen, wenn nicht die rasante Entwicklung der Rechnertechnologie in den letzten dreißig Jahren eine Lösung des Dilemmas gebracht hätte.

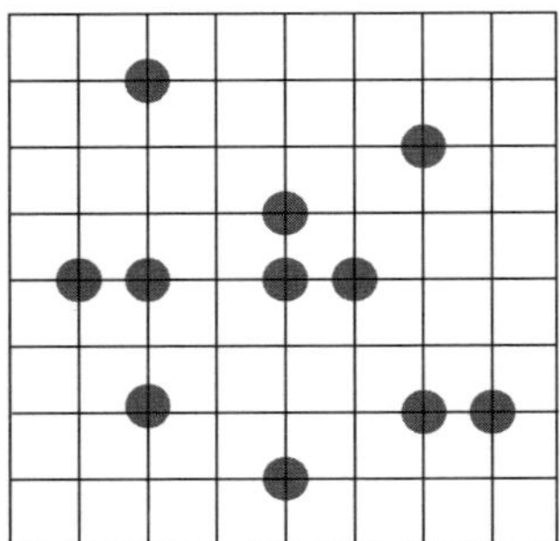

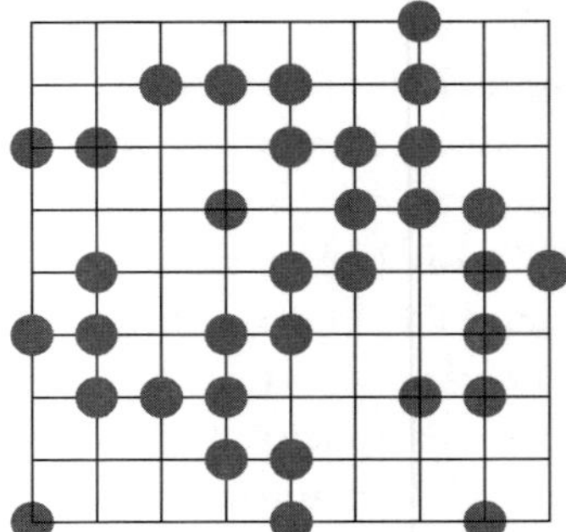

Gitterperkolation

Die Lösung – wir bleiben zur Illustration beim Go-Spiel – bestand darin, auf dem Rechner ein möglichst großes Gitter darzustellen, sprich zu programmieren, und dann den Rechner aufzufordern, auf dieses Gitter willkürlich, per Zufallszahl, eine bestimmte Anzahl Steine zu platzieren. Für jede Steinzahl erzeugen wir auf diese Weise wiederum möglichst viele verschiedene Konfigurationen. Und dann fragen wir einfach nach der Steinzahl, bei der im Mittel zum ersten Mal eine Verbindung zwischen den gegenüberliegenden Seiten auftritt. Nach Untersuchungen mit vielen verschiedenen Gittergrößen und sehr vielen Konfigurationen für jede Größe findet man so die Antwort für den Grenzfall unendlich großer Gitter: Bei einer Dichte von 0,59 Steinen pro Gitterplatz findet der Übergang zu einer geschlossenen Verbindung statt.

Diese Art der Behandlung komplexer Vielkomponentensysteme, die *Simulation* der Systeme auf Großrechnern, liefert heute die gesuchten Lösungen in den verschiedensten Bereichen von Physik, Technik und vielem mehr. So fand sie auch rasch Anwendung in der Erforschung der Quarkmaterie. Kenneth Wilson, dessen bereits erwähnte Arbeiten die Basis für die Untersuchung kritischen Verhaltens bilden, hatte eine Gitterformulierung der Quantenchromodynamik entwickelt, eine Art Parallele der Theorie zum Go-Problem. Sein Kollege Michael Creutz vom Brookhaven National Laboratory hat diese Variante dann in eine für die Computersimulation geeignete Form übertragen, und so konnte in den letzten dreißig Jahren auch die Thermodynamik der Quarks und die Untersuchung des Übergangs von normaler hadronischer Materie in Quarkmaterie numerisch berechnet werden.

Obwohl heute noch keine analytische Berechnung der angesprochenen Phänomene möglich ist, können wir uns doch dank Computersimulation ein recht gutes Bild machen von dem, was in der stark wechselwirkenden Materie geschieht. Wir fangen mit einem Gas von Hadronen an und erhöhen dessen Temperatur. Dadurch entstehen energiereiche Kollisionen zwischen den einzelnen Hadronen, was wiederum weitere Hadronen erzeugt. Immer mehr kinetische Energie, sprich Temperatur, wird auf diese Weise in neue Teilchen verwandelt. Die Teilchendichte wird immer höher, bis irgendwann alle Hadronen einander durchdringen und zu einem großen System verschmelzen, das nun aus entkoppelten farbigen Quarks besteht.

Ein System ungebundener geladener Teilchen nennt man ein *Plasma*. Ein elektromagnetisches Plasma enthält positive und negative Ladungen zusammen mit Photonen; die Letzteren sind es, die uns das Licht aus dem Plasma in Neonröhren liefern. Ganz ähnlich besteht nun das Plasma der starken Wechselwirkung aus Quarks und Gluonen; im Gegensatz zu Photonen können die «zweifarbigen» Gluonen aber auch miteinander wechselwirken, und so bezeichnet man dieses System als *Quark-Gluon-Plasma*. Es entsteht aus der normalen hadronischen Materie bei einer bestimmten *Entkopplungstemperatur* T_H. Hadronische Materie kann demzufolge nur für Temperaturen unterhalb von T_H existieren.

Interessanterweise vermutete man aber bereits vor der Erfindung des Quarkmodells, dass es für normale, hadronische Materie so etwas wie

die höchste Temperatur

geben müsste. Im vorigen Kapitel haben wir gesehen, dass die Kollision von zwei Hadronen mit zunehmender Energie zur Erzeugung einer immer größeren Anzahl weiterer Hadronen führt. Aber nicht nur ihre Anzahl steigt – wir erhalten auch mehr und mehr verschiedene Sorten von Hadronen, Resonanzen von immer größerer Masse und immer höherem Spin. Resonanzen, das sind Hadronen, die nach relativ kurzer Zeit in andere zerfallen. Bei nicht zu hohen Energien erzeugen Pion-Proton-Kollisionen oft ein Δ; das kann in vier verschiedenen Ladungszuständen existieren, Δ^{++}, Δ^{+}, Δ^{0} und Δ^{-}. Diese zerfallen dann entsprechend, $\Delta^{++} \rightarrow p + \pi^{+}$, $\Delta^{+} \rightarrow p + \pi^{0}$ oder $n + \pi^{+}$ usw. Mit zunehmender Kollisionsenergie werden immer schwerere Resonanzen möglich, die in ein Nukleon und eine größere Anzahl von Pionen zerfallen können. Und während das Δ den Spin 3/2 hat – zusammengesetzt aus dem Spin 1/2 des Nukleons und einem Bahndrehimpuls zwischen Pion und Nukleon –, können die schwereren Resonanzen auch höhere Bahndrehimpulse und somit größere Spins bekommen. Die Anzahl $n(M)$ von möglichen Hadronzuständen von Masse M steigt demnach mit M rasch an, und verschiedene theoretische Modelle deuten an, dass dieser Anstieg stärker ist als jede Potenz, also *exponentiell*,

$$n(M) \sim e^{bM},$$

wobei b eine Konstante ist. Wir hatten schon gesehen, dass bei hochenergetischen Kollisionen ein beträchtlicher Teil der Energie in die Erzeugung neuer Teilchen geht. Mit einem exponentiellen Anstieg wird dieser Anteil noch größer, der für die Bewegungsenergie der Teilchen verfügbare hingegen kleiner, der Anstieg der Temperatur wird immer mehr abgebremst. Man kann sich das so vorstellen: Bei einem vorgegebenen Kuchen bekommt jeder der vier Esser ein Viertel, und wenn der Kuchen größer wird, erhält jeder ein größeres Stück. Das ist aber nicht mehr der Fall, wenn mit zunehmender Kuchengröße auch die Anzahl der Esser wächst. Insbesondere bleibt die Kuchengröße pro Esser dieselbe, wenn die Anzahl der Esser genauso schnell anwächst wie der Kuchen. Der deutsche Theoretiker Rolf Hagedorn, der viele Jahre am CERN gearbeitet hat, zog daraus den kühnen Schluss, dass es letztendlich eine höchste Temperatur der Materie geben müsse. Genau wie es eine tiefste gibt, $T_0 = 0\,°K = -273\,°C$, so sollte es eine höchste geben, deren Wert durch den Anstieg der «Esser», also der Resonanzzustände, bestimmt ist, $T_H = 1/b$. Mit dem aus Resonanzstudien bestimmten Wert von b ergab das $T_H \simeq 150$ MeV oder etwa 10^{12} °K. So wie nichts kälter als T_0 sein kann, so sollte auch nichts heißer sein können als das, was wir heute die *Hagedorn-Temperatur* T_H nennen. In gewisser Weise war das schon richtig – normale Materie kann auch nicht heißer sein, wie wir gleich sehen werden. Mit unseren üblichen Thermometern können wir keine höheren Temperaturen messen. Stark wechselwirkende Materie kann aber bei T_H in eine neue Zustandsform übergehen, in ein Quark-Gluon-Plasma, das in einer farbigen Welt existiert und einen anderen Nullpunkt hat. Und dort lässt sich eine «Temperatur» prinzipiell beliebig weiter steigern.

Im Einklang mit Hagedorns Überlegungen ergaben die Computersimulationen der Quantenchromodynamik, dass der gesuchte Übergang von normaler hadronischer Materie in Quarkmaterie in der Tat bei einer Temperatur von etwa 150 MeV stattfindet. Um uns ein Bild von diesem Übergang zu machen, stellen wir uns vor, wie kochendes Wasser verdampft. Wenn wir das Wasser zum Siedepunkt bringen, entstehen Dampfbläschen und die Temperatur steigt zunächst nicht weiter an, obwohl wir weiter erhitzen. Die Hitze wird jetzt benötigt, um zunehmend mehr Wasser in Dampf zu verwandeln. Erst wenn alles Wasser verdampft ist, erhöht weitere Hitzezufuhr die Dampftemperatur. Die für das Verdampfen notwendige Wärmemenge nennt man die *latente Wärme* der Verdampfung.

Den Übergang in ein Quark-Gluon-Plasma kann man ganz ähnlich betrachten. Wir erhitzen ein Hadrongas, dessen Dichte immer weiter ansteigt, da Hadronkollisionen neue Hadronen erzeugen. Aber immer noch ist ein beträchtlicher Teil des Volumens leerer Raum. Wenn wir die Temperatur weiter erhöhen, steigt die Dichte weiter, und irgendwann erreichen wir das Gegenstück zum Siede-

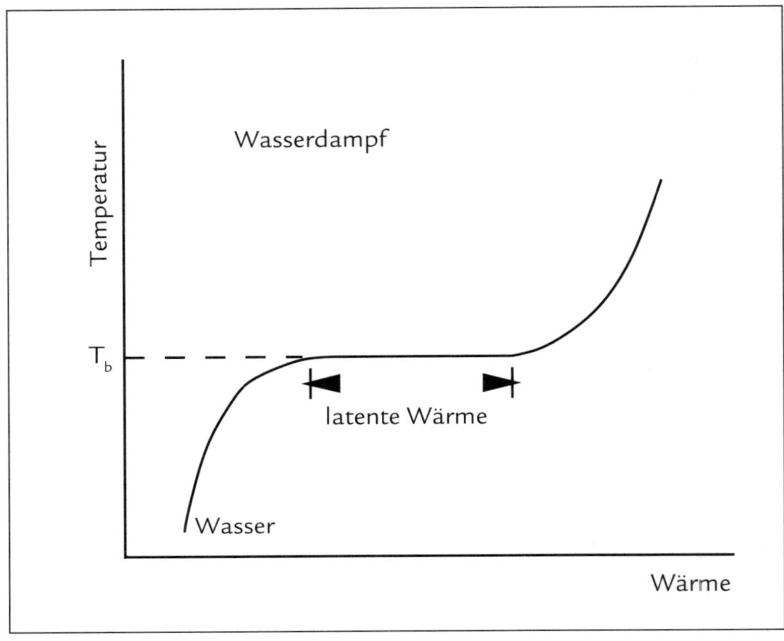

Das Verdampfen von Wasser; T_b ist der Siedepunkt.

punkt. Jetzt bilden sich Plasmabläschen, die mehr und mehr verschmelzen. Bis alle Hadronen in Quark-Gluon-Dampf verwandelt sind, bleibt die Temperatur trotz weiterer Energiezufuhr konstant – die Energie geht in die *latente Wärme der Entkopplung*, der Auflösung der Quarkbindung. Das Bild des Übergangs entspricht gerade dem, das wir für verdampfendes Wasser erhalten hatten. Die Computersimulationen der Quantenchromodynamik bestätigen diese Annahme vollständig, mit T_H=150 MeV als Entkopplungstemperatur. (In der Anmerkung A8 stellen wir den Sachverhalt etwas formaler dar.)

In der Kosmologie wiederum kann man berechnen, wie sich die Temperatur des Universums mit der Zeit geändert hat und weiterhin ändert. Wenn wir zurückblicken, können wir nach dem Alter des Universums zu dem Zeitpunkt fragen, als seine Temperatur auf den eben errechneten Wert von 150 MeV gesunken war: Wie viel Zeit war seitdem nach dem Urknall verstrichen? Das Ergebnis lautet, dass das Ende der Quarkära 10^{-5} Sekunden nach dem Urknall erreicht war. In den ersten 10 Mikrosekunden seiner Existenz war das Universum von heißer Quarkmaterie angefüllt, es gab keinen leeren Raum, kein Vakuum. Dieser Zeitpunkt ist mithin ein echter historischer Horizont, die Geburt des «Nichts». Vorher bestand die Welt aus «farbigen» Quarks, und die hatten ihren eigenen Nullpunkt; danach bestimmte das physikalische Vakuum den Nullpunkt. Vorher konnte man nicht sagen: «Hier ist etwas, dort ist nichts»; überall waren Quarks, es gab kein «Nichts». Seit diesem Zeitpunkt ist das Vakuum die Bühne für alles Geschehen, das Nichts regiert und verbannt die Farbe der Quarks auf ewig hinter den Horizont der Farbgrenze.

Neutronensterne sind weit von uns entfernt und schwer zu untersuchen, der Urknall selbst liegt schon sehr weit in der Vergangenheit. Es ist daher nicht so überraschend, dass Physiker nach einer Möglichkeit gesucht haben, die Vorhersage der Quantenchromodynamik, nämlich die Existenz von Quarkmaterie als einer neuen Zustandsform, im Labor zu testen. So ist

der Urknall im Labor

seit knapp dreißig Jahren das Ziel einer Reihe von Großexperimenten am CERN in Genf und am Brookhaven National Laboratory bei New York – ein Unterfangen, an dem mehr als tausend Physiker aus aller Welt beteiligt sind. Sie sind auf der Suche nach dem *Quark-Guon-Plasma*, wie man heute die neue Materieform nennt, da sie ja aus farbigen, sprich farbgeladenen Quarks und Gluonen bestehen soll.

Wir hatten bereits erwähnt, dass die Kerne von schweren Atomen die dichteste Form von Materie auf Erden sind und auch das einzige Vorkommen eines stark wechselwirkenden Mediums. Da die Kerne aber noch aus Nukleonen bestehen, ist ihre Dichte nicht hoch genug. Wie wäre es, wenn man nun zwei solche Kerne mit hoher Energie aufeinanderprallen ließe? Dann würde vielleicht, wenn auch nur für kurze Zeit und in einem relativ kleinen Volumen, die Dichte genügen, um Quarkmaterie zu erzeugen. Der amerikanisch-chinesische Nobelpreisträger Tsung-Dao Lee war einer der überzeugtesten Vertreter dieser Idee. Er hat sie dem berühmten chinesischen Maler Li Keran erklärt, und der hat den Vorgang durch zwei kämpfende Stiere dargestellt.

Ein solches Forschungsprogramm unterscheidet sich ganz beträchtlich von den sonst heute gängigen in der Hochenergiephysik. Es ist nicht die Suche nach einem wohldefinierten und theoretisch präzise vorhergesagten Teilchen wie dem Higgs-Boson, dem man derzeit in Europa und in den USA intensiv auf der Spur ist. Es ist auch nicht eine reine Entdeckungsforschung, wie sie im vergangenen Jahrhundert betrieben wurde: Was passiert eigentlich, wenn wir zwei Protonen bei immer höheren Energien aufeinanderschießen? Die Suche nach Quarkmaterie mutet ihrer Natur nach fast ein bisschen alchemistisch an: Wie kann man aus Blei Gold machen? Ist es möglich, im Zusammenstoß von zwei schweren Kernen stark wechselwirkender

Kerne, so schwer wie Stiere, erzeugen im Aufprall neue Formen der Materie.

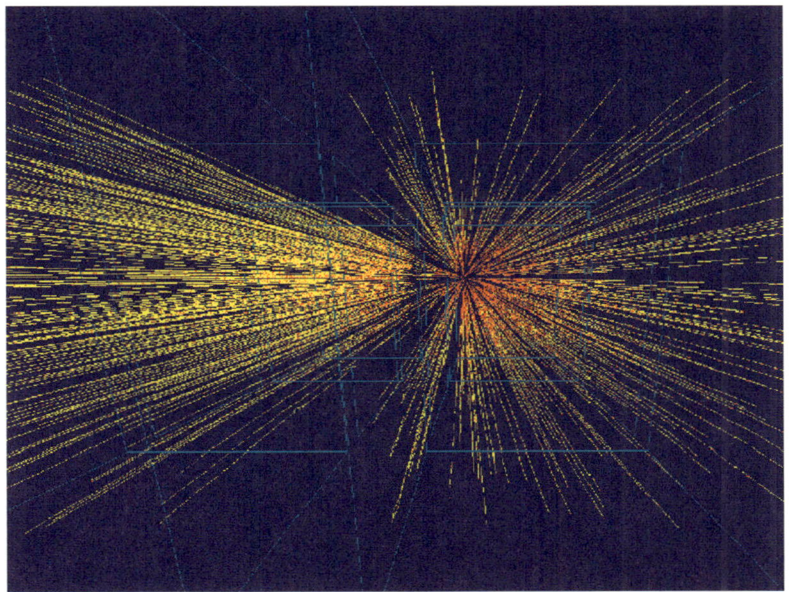

Der Urknall im Labor: eine Kollision von zwei Bleikernen am Europäischen Kernforschungszentrum CERN in Genf

Materie hohe Dichten zu erzeugen und damit Quarkmaterie im Labor herzustellen?

Die Idee ist recht einfach. Am Anfang des Programms schoss man einen Strahl schwerer Kerne auf eine Uranprobe. In den heutigen modernen Varianten, am CERN wie auch am Brookhaven National Laboratory, lässt man zwei in einander entgegengesetzten Richtungen umlaufende Kernstrahlen frontal aufeinanderprallen. Dabei entsteht ein kleines Volumen, eine Blase extrem heißer Materie, die sehr viele Quarks enthält. Es könnte Quarkmaterie sein ...

Die Meinungen dazu waren zunächst recht unterschiedlich. Der große amerikanische Theoretiker Richard Feynman, einer der Begründer der Quantenelektrodynamik, meinte: «Wenn ich meine Uhr an die Wand werfe, erzeuge ich eine zerbrochene Uhr und nicht eine neue Form von Materie.» Darin steckte ein wesentliches Problem: Kann man durch Kollisionen Materie erzeugen? Ein weiteres bestand darin, ob die Experimentalphysiker mit der Unmenge von letztendlich erzeugten Teilchen fertig werden konnten. Wir haben bereits erwähnt, dass ein Proton-Proton-Stoß im LHC-Beschleuniger am CERN im Mittel mehr als fünfzig neue Teilchen erzeugt. Bei einer Gold-Gold-Kollision, in der ja 200 Nukleonen auf 200 Nukleonen treffen, sind es weit über tausend.

Beide Probleme waren sicher ernst zu nehmen, aber der Gedanke, die Materie des frühen Universums im Labor zu erzeugen, genügte, um das Forschungsprogramm dann doch in Gang zu bekommen. Im Jahr 1986 ging es sowohl in Brookhaven als auch am CERN los. Um die Kosten möglichst gering zu halten, benutzte man in beiden Forschungszentren bereits vorhandene Beschleuniger und Messanlagen und griff auch auf bereits angestellte Physiker zurück. Diese Physiker konnten auf jeden Fall die zweite der beiden Fragen eindeutig positiv beantworten. Die Messanlagen, die Auswertungsprogramme und die Erfahrung der Experimentatoren machten die Untersuchung selbst dann noch durchführbar, wenn Tausende neuer Teilchen ihre Spuren in den Detektoren hinterließen.

Dieser Erfolg führte zur Ausweitung des Forschungsprogramms. Die Experimente werden bislang weiterhin am CERN und in Brookhaven ausgeführt; zusätzlich sind neue Anlagen in Darmstadt und im russischen Dubna geplant.

Das erste und begrifflich schwerwiegendere Problem ist bis heute nicht eindeutig beantwortet; es gibt durchaus noch Anhänger von Feynmans Sichtweise. Die Energiedichte, die in den heutigen Kernkollisionen erzeugt wird, ist gewiss die höchste je auf Erden erreichte. Sie führt auf die Erzeugung von Tausenden von Teilchen in einem kleinen räumlichen Volumen, sodass auch die anfängliche Konstituentendichte sehr hoch gewesen sein muss. Bei diesen Dichten lassen sich alle Vorgänge nur noch durch Quarks und ihre Wechselwirkung verstehen. Aber dürfen wir deshalb von Quark*materie* sprechen? Was sind die definierenden Eigenschaften von Materie, und sind sie in den Kollisionsprodukten vorhanden, anfänglich und auch in späteren Stadien? Diese Fragen müssen letztendlich die laufenden Experimente beantworten.

Ein Ergebnis gibt es bereits, das diese Hoffnungen unterstützt. Das heiße Medium, das im Zusammenprall erzeugt wird, dehnt sich rasch aus und kühlt dabei ab. Wenn es die Temperatur erreicht hat, bei der sich Quarkmaterie in ein Hadronengas verwandelt, müssen sich die Quarks Partner suchen, mit denen sie dann farbneutrale Teilchen bilden, Hadronen. Wie wir gesehen haben, gibt die Quantenchromodynamik an, dass dieser Übergang von Quarkmaterie in normale hadronische Materie bei einer «kritischen» Temperatur von etwa 150 MeV stattfinden muss. Die Kenntnis dieser Temperatur gestattet es uns, die relative Häufigkeit der in der «Hadronisierung» erzeugten verschiedenen Hadronenarten vorherzusagen. Bei vorgegebener Temperatur ist die Wahrscheinlichkeit für die Entstehung eines Teilchens größer, je leichter es ist, da ja die Energie des Mediums, die Hitze, in Masse umgewandelt werden muss. Etwas Ähnliches machen die Kosmologen, wenn sie die Nukleosynthese des frühen Universums untersuchen. In einem bestimmten Entwicklungsstadium bestand das Universum im Wesentlichen aus Nukleonen, Elektronen, Photonen und Neutrinos. Wenn man die Temperatur dieses Mediums kennt, kann man das Verhältnis von Protonen zu Neutronen vorhersagen: Da Letztere etwas schwerer sind, ist ihre Zahl geringer. Zunächst war das Medium zu heiß für Kernbildung; die herumfliegenden Teilchen zerstörten etwaige Bindungen gleich wieder. Aber nach drei Minuten (das sind die *Ersten drei Minuten* des berühmten Buchs von Steven Weinberg) war das Universum so weit abgekühlt, dass sich Nukleonen zu Kernen verbanden, anders gesagt, *Nukleosynthese* stattfand. War das Verhältnis von Protonen und Neutronen vorgegeben, ließen sich die relativen Häufigkeiten von Wasserstoff, Deuterium und Helium vorhersagen; sie sind im Mittel heute noch richtig. Die Beobachtung dieser Häufigkeiten ist, neben Hubbles Gesetz und der kosmischen Hintergrundstrahlung, eine der wichtigen Stützen der Urknalltheorie.

Ganz ähnlich kann man nun bei der *Hadrosynthese* vorgehen, die bei der Hadronisierung des Quark-Gluon-Plasmas stattfindet. Da wir die relevante Temperatur kennen, lassen sich alle relativen Verhältnisse der entstehenden Hadronen vorhersagen. Wir können angeben, wie viele der Spuren auf dem Bild der Blei-Blei-Kollision von Pionen stammen, von Kaonen, von Protonen und so fort. Der Test ist hier sehr viel strenger als in der Nukleosynthese. Dort drehte es sich im Wesentlichen um drei Elemente, und die Synthese fand fließend statt; hier sind es mehr als zehn verschiedene Hadronarten, und alle entstehen bei einer festen Temperatur. Auf diese Weise hat man heute Hadrosyntheselisten für die verschiedenen Hadronen: Etwa 80 % davon sind Pionen, 5 % Kaonen und Antikaonen, 5 % Nukleonen und Antinukleonen usw. Insbesondere bekommt man so auch Vorhersagen für sehr selten erzeugte Arten, mit weniger als einem Prozent der Sekundärteilchen. Alle diese Vorhersagen stimmen erstaunlich genau. Dabei hängt die Übereinstimmung nicht davon ab, wie heiß das Plasma ursprünglich war, mit anderen Worten, bei welcher Kollisionsenergie der Prozess stattgefunden hat. In jedem Fall muss das Plasma erst einmal auf die Entkopplungstemperatur abkühlen, und die ist ja immer die gleiche. Auch in diesem Punkt verläuft der Übergang wie das Kondensieren von Wasserdampf: Es ist unwichtig, wie heiß der Dampf einmal war, die Kondensation findet statt, wenn er auf 100 °C abgekühlt ist.

Die universelle Form der Hadrosynthese wirft auch einiges Licht auf den Hadronisierungsvorgang. Das heiße Plasma enthält viele ungebundene Quarks bei hoher Dichte; jedes Quark sieht in seiner unmittelbaren Nachbarschaft, weniger als einen Femtometer entfernt, viele andere Quarks und Antiquarks. Mit sinkender Temperatur sinkt auch die Dichte, und irgendwann kommt ein Punkt, an dem für ein gegebenes Quark der Entkopplungshorizont heranrückt, an dem das nächstgelegene Antiquark schon fast einen Femtometer entfernt ist. Diese Situation ähnelt derjenigen, die wir bei der Elektron-Positron-Vernichtung vorgefunden haben. Für eine weitere Ausdünnung des Plasmas, für eine weitere Trennung von Quark und Antiquark muss hier der gleiche Preis gezahlt werden wie für die Vernichtung: Es muss ein neues Quark-Antiquark-Paar entstehen, und die Energie dafür muss in beiden Fällen aus der universellen Quark-Antiquark-Bindung kommen. In beiden Fällen darf das neue Paar keine Information aus der farbigen Welt übermitteln und muss daher stochastisch sein, also thermisch. Daraus folgt dann, dass die erwähnten relativen Hadronhäufigkeiten, die in Blei-Blei-Stößen gemessen werden, mit denen aus der Elektron-Positron-Vernichtung übereinstimmen sollten. Und das tun sie in der Tat.

Damit hat man eine Übereinstimmung gefunden zwischen experimentellen Ergebnissen für die Hadronerzeugung einerseits und den Vorhersagen der Quantenchromodynamik für das Verhalten stark wechselwirkender Materie andererseits. In beiden betrifft das die Schwelle der Hadronformation, das Ende der Quark-Gluon-Phase. Nun möchte man natürlich gerne etwas über den früheren Zustand erfahren, in dem die Materie noch aus ungebundenen Quarks bestanden haben sollte. Wie kann man diesen Zustand experimentell untersuchen, und was kann die Theorie dazu sagen?

Wie heiß ist das Quark-Gluon-Plasma

bei einer vorgegebenen Kollision? Um diese Frage zu beantworten, kann man sich Hilfe holen bei einem ähnlichen Problem in der Astrophysik: Wie bestimmt man die Temperatur im Inneren von Sternen? Das geschieht durch eine Analyse des von diesen Sternen ausgestrahlten Lichts. Das Sterneninnere ist im Allgemeinen so heiß, dass es aus einem Plasma ungebundener Nukleonen und Elektronen besteht, die in ihrer Wechselwirkung Licht mit einem kontinuierlichen Spektrum, d. h. von allen Frequenzen, emittieren. Die mittlere Frequenz ist bestimmt durch die Energiedichte des Sterninneren: Je heißer er ist, desto höher die durchschnittliche Lichtfrequenz. In der kühleren äußeren Kruste des Sterns können hingegen Atome überleben, in denen die Elektronen an Kerne gebunden sind. Das aus dem Inneren kommende Licht regt diese Atome an, lässt die Elektronen vom Grundzustand in höhere Zustände übergehen. Die Photonen, die das bewerkstelligen, fehlen dann im Kontinuum des beobachteten Sternenlichts: Entsprechend den Frequenzen, die für die Übergänge zwischen den Atomniveaus erforderlich sind, gibt es im Spektrum Absorptionslinien. Besteht die Kruste etwa aus Wasserstoff, dann sind die entsprechenden Anregungsfrequenzen der verschiedenen Zustände mögliche Kandidaten für die Absorptionslinien. Ist der

Stern relativ kühl, schaffen die Photonen gerade noch die Anregung vom Grundzustand in den nächsthöheren. Genügend heiße Sterne hingegen zeigen meist Übergänge in höhere Anregungszustände. Indem wir feststellen, welche Anregungszustände betroffen sind und welche Absorptionslinien beobachtet werden, messen wir die Temperatur des Sterninneren.

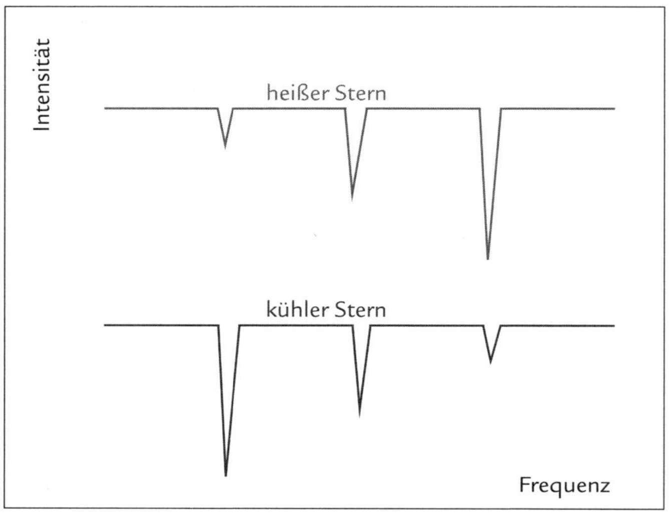

Absorptionslinien als Thermometer für das Sterninnere

Etwas Vergleichbares können wir in Kernkollisionen versuchen, um das dabei erzeugte Medium zu testen. Hier misst man meistens das Spektrum der aus dem Inneren emittierten Elektron-Positron-Paare, die leichter zu identifizieren sind als entsprechende Photonen. Das Spektrum dieser Paare wird durch die Vernichtung von Quark-Antiquark-Paaren in der heißen Quarkmaterie erzeugt, also durch den Übergang eines Quark-Antiquark-Paars in ein Elektron-Positron-Paar. Dieses Paar unterliegt nur noch der elektromagnetischen Wechselwirkung und kann somit ungehindert aus der heißen Quarksuppe entkommen. Im Bereich großer Paarmassen zeigt auch dieses Spektrum, ähnlich wie das Licht der Sterne, eine kontinuierliche Verteilung, aber mit einer wichtigen Einschränkung.

Im Augenblick des Zusammenpralls der beiden Kerne entsteht, selten messbar, ein schweres exotisches Hadron, ein *Quarkonium*. Wir nennen es exotisch, weil es sich in vieler Hinsicht sehr von den normalen Hadronen unterscheidet. Quarkonia sind Bindungszustände der schweren Quarks, die wir im vorigen Kapitel schon erwähnt hatten, von Charm-Quark und Bottom-Quark mit den entsprechenden Antiquarks. Diese schweren Quarks haben Massen von 1,3 GeV für das Charm-Quark und von 4,5 GeV für das Bottom-Quark – im Gegensatz zu den fast masselosen *u*- und *d*-Quarks, aus denen die normalen Hadronen bestehen. Aus einem Charm-Anticharm-Paar entstehen das J/ψ und seine höheren Anregungszustände; es hat eine Masse von 3,1 GeV, also mehr als drei Protonen. Die große Quarkmasse führt dazu, dass das J/ψ sehr viel kleiner als normale Hadronen und außerdem sehr stark gebunden ist. Ähnliches gilt in noch höherem Maße für die Bottom-Antibottom-Zustände; hier bildet das Υ den Grundzustand, das mit 9,5 GeV fast zehn Nukleonmassen erreicht. Weil diese Quarkoniumzustände so klein und so stark gebunden sind, können sie die Hadronisierung des Plasmas zumindest einige Zeit überleben. Bei der normalen Entkopplungstemperatur T_H schmelzen sie noch nicht – dazu braucht man höhere Temperaturen. Quarkonia im Plasma sind ein wenig wie Eiswürfel in gekühltem Alkohol, Wodka oder Aquavit. Solange die Temperatur der Flüssigkeit unter dem Gefrierpunkt von Wasser bleibt, schmelzen die Eiswürfel nicht. Erst wenn die Temperatur der Flüssigkeit 0 °C überschreitet, schmelzen sie. So erwartet man, dass zum Beispiel das Υ auch bei doppelter Entkopplungstemperatur noch überlebt; es muss noch heißer werden, bevor es schmilzt. Zudem beginnt die Quarkoniumschmelze immer mit den angeregten Zuständen – die Grundzustände sind immer die letzten, die sich auflösen.

Aufgrund dieser Vorstellungen haben mein japanischer Kollege Tetsuo Matsui und ich vor fünfundzwanzig Jahren vorgeschlagen, die Signale der Quarkoniumerzeugung in Kern-Kern-Kollisionen als Quark-Gluon-Plasma-Thermometer zu benutzen. In dem beobachte-

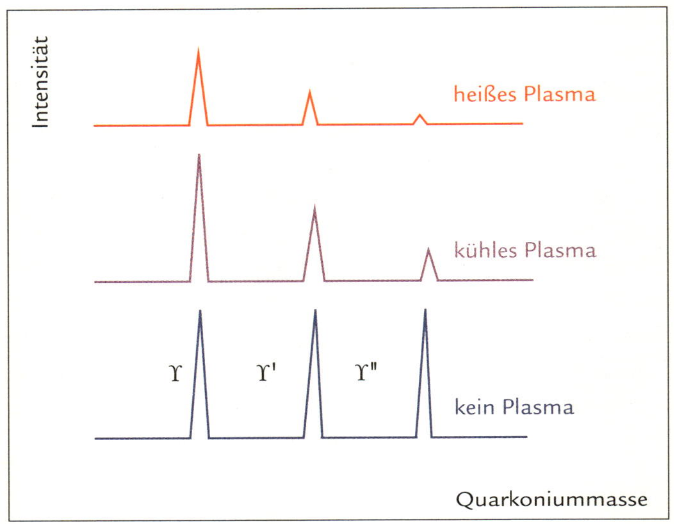

Quarkoniumsignale als Thermometer des Quark-Gluon-Plasmas

ten Elektron-Positron-Spektrum müsste man die Quarkoniumlinien untersuchen. Mit zunehmender Temperatur würden dann zunächst die höher angeregten Zustände schmelzen und bei genügend hoher Temperatur schließlich alle. Bislang haben verschiedene andere Prozesse im Ablauf der Kollisionen einen eindeutigen Schluss erschwert.

Es scheint jetzt aber, als ob neue Experimente am CERN und in Brookhaven die vorgeschlagene Analyse ermöglichen. Im Fall der Charmoniumgruppe gibt es neben dem Grundzustand, dem J/ψ, noch zwei höhere Anregungszustände, das χ_c und das ψ'; beide sind lockerer gebunden, haben größere Massen und Radien und «schmelzen» daher vorher. Beim Υ sind es oberhalb des Grundzustands Υ gleich vier weitere, das χ_b und das χ_b' sowie das Υ' und das Υ''. Auch hier lösen sich die angeregten Zustände entsprechend früher auf. Die jeweiligen «Schmelzpunkte» lassen sich im Rahmen der Quantenchromodynamik berechnen, und so kann man ein Quarkoniumthermometer zur Temperaturmessung des Quark-Gluon-Plasmas konstruieren.

Das Quarkoniumthermometer für das Quark-Gluon-Plasma

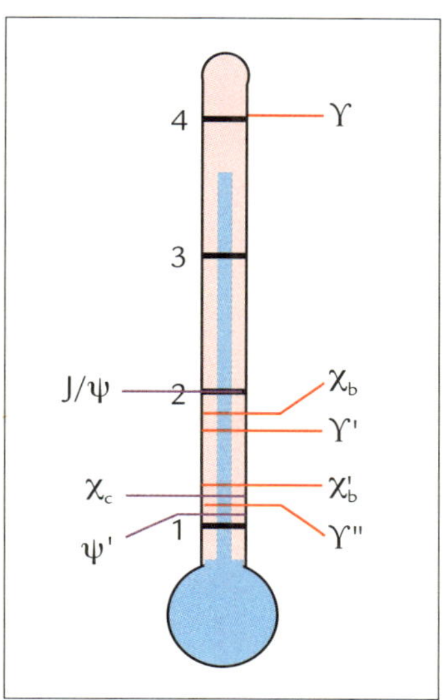

Wenn die in den jetzt laufenden Experimenten gemessenen Schmelzpunkte mit den Markierungen des Thermometers übereinstimmen, wäre das die erste quantitative Messung des heißen Quark-Gluon-Plasmas.

Seht ihr den Mond dort stehn?
Er ist nur halb zu sehn,
und ist doch rund und schön!
So sind wohl manche Sachen,
die wir getrost belachen,
weil unsre Augen sie nicht sehn.

Matthias Claudius,
Sämmtliche Werke des Wandsbecker Bothen, 1774

7. Verborgene Symmetrien

Symmetrie ist etwas, das Mensch und Natur gleichermaßen zu gefallen scheint. Für uns ist es wohl die Grundlage aller Schönheit; Perfektion bestand lange in der Form himmlischer Sphären. Die Natur projiziert diese Perfektion in unsere reale Welt und benutzt Symmetrie, um Kristalle, Schneeflocken, Tiger, Schmetterlinge, Blumen, Blätter und vieles mehr zu schaffen in der Welt, die uns umgibt. Wenn irgendwo, dann erkennen wir hier ein wenig den Konstruktionsplan der Welt.

Im Laufe der Jahre ist Symmetrie das Leitmotiv der Physik geworden, und unsere grundlegenden Erhaltungssätze – der Energie, des Impulses, der Ladung und mehr – erweisen sich als Ergebnisse der Invarianz der Natur unter gewissen Symmetrieoperationen. In neuerer Zeit hat sich Symmetrie auch als besonders geeignet erwiesen, die verschiedenen Epochen in der Entwicklung des frühen Universums nach dem Urknall zu definieren. Die Idee ist sehr einfach: Früher war alles symmetrischer. In der heutigen Natur sind gewisse Symmetrien, die früher offen ersichtlich waren, ins Verborgene geraten. Auch wenn wir nur den Halbmond sehen, wissen wir doch, dass der Mond in

Wirklichkeit rund ist. Werfen wir zunächst einen Blick auf verschiedene sichtbare und unsichtbar gewordene Symmetrien.

Die Grundidee der Symmetrie ist am leichtesten ersichtlich, wenn wir uns fragen, welche Operationen bestimmte geometrische Formen nicht verändern. Unser Bild illustriert drei bekannte Symmetrietypen. Die Tanne (a) bleibt unverändert, wenn wir sie um ihre Achse spiegeln. Der Stern (b) erlaubt diese und noch fünf weitere Reflektionen sowie Drehungen in der Bildebene um 60, 120, 180, 240 und 300 Grad. Der Kreis (c) bleibt unverändert unter allen Drehungen um den Mittelpunkt und unter allen Spiegelungen um Achsen, die durch den Mittelpunkt verlaufen. Wenn wir behaupten, dass eine geometrische Form eine bestimmte Symmetrie aufweist, meinen wir damit, dass es bestimmte Operationen gibt, die diese Form nicht verändern.

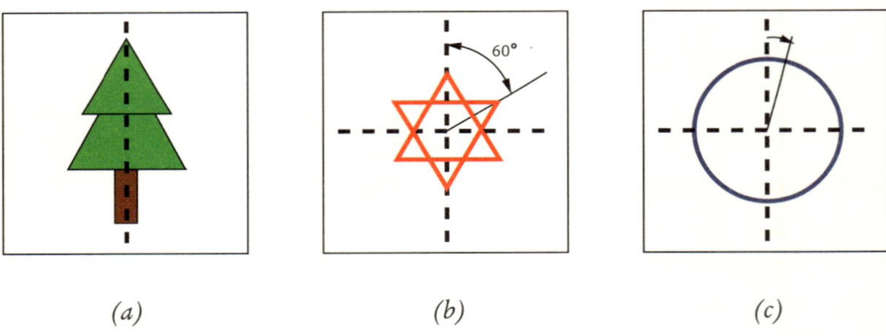

(a) *(b)* *(c)*

Die beiden ersten Fälle nennen wir *diskrete* Symmetrien, da die Formen unter einer endlichen (diskreten) Anzahl von Operationen unverändert bleiben. Im Gegensatz dazu führt der Kreis auf kontinuierliche Symmetrie, mit unendlich vielen Operationen. Übrigens stellen wir anhand des Tannenbildes fest, dass Drehungen und Spiegelungen nicht das Gleiche sind: Keine Drehung in der Bildebene lässt das Bild unverändert außer der trivialen um 360 Grad. Ein vielleicht noch überzeugender Beweis besteht darin, sich vor einen Spiegel zu stellen und den rechten Arm auszustrecken. Der Mensch im Spiegel streckt den linken Arm aus, und mit keiner Drehung kann man erreichen, dass daraus sein rechter wird.

Man kann sich aber auch noch komplexere Symmetrien vorstellen, die mehrere Komponenten betreffen. Auf dem dargestellten Ring sind drei positive und drei negative Ladungen alternierend angebracht.

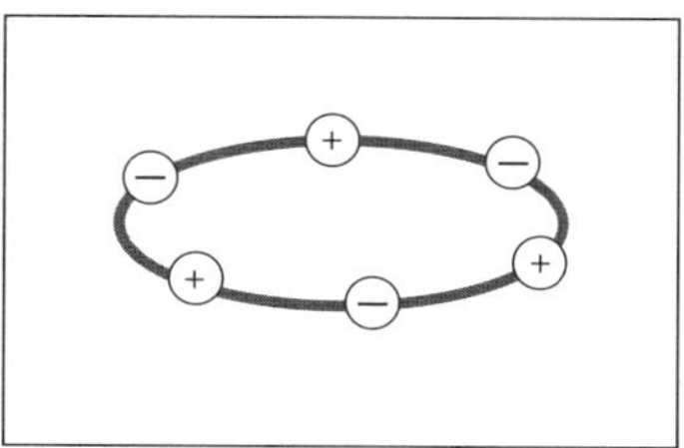

Wenn wir alle Ladungen umkehren, plus in minus, minus in plus, ändert sich nichts, das System ist invariant unter einer *globalen* Ladungsinversion. Es bleibt aber nicht gleich unter der *lokalen* Umkehrung nur einer Ladung. Einfache geometrische Anordnungen von verschiedenen Komponenten sind in der Tat nur unter globalen Transformationen invariant. Um eine Invarianz unter lokalen Operationen zu erreichen, müssen die Komponenten miteinander kommunizieren, wechselwirken. Wenn sich gleiche Ladungen abstoßen und ungleiche anziehen, wird sich das System entsprechend umstellen, wenn ich eine Ladung invertiere. Demzufolge gibt es so etwas wie einen Zusammenhang zwischen Wechselwirkung und lokaler Symmetrie.

Noch andere, vielleicht abstraktere Symmetrien bestimmen unsere Welt. Wir glauben, dass die Form der Naturgesetze in Europa dieselbe sei wie in Australien. Ein Stein fällt die gleiche Strecke in der gleichen Zeit, hier wie dort, wenn beide Orte die gleiche Höhenlage haben, und das wird morgen genauso gelten wie heute oder gestern. Die Naturgesetze müssen demnach invariant sein unter Verschiebungen in Raum und Zeit. Und nicht nur das: Die Zeit, die der Stein für seine Strecke braucht, ist in einem fahrenden Zug die gleiche wie die, die er im Bahnhof benötigt. Die Lorentz-Transformationen der Relativitätstheorie sind also ebenfalls zu berücksichtigen.

Verschiedene Transformationen bestimmen verschiedene Symmetrieformen, diskrete und kontinuierliche, für einfache oder für zusammengesetzte Systeme, globale und lokale. Aber genauso interessant wie die Symmetrieformen ist die Tatsache, dass eine existierende Symmetrie plötzlich verschwinden kann, jedenfalls nicht mehr offensichtlich ist. Ein «ehrlicher» Roulettetisch hat eine vorgegebene Symmetrie: Jede der 37 Zahlen von null bis 36 ist gleich wahrscheinlich. Die Zahl, auf der der rotierende Ball zur Ruhe kommt, kann mit gleicher Wahrscheinlichkeit jede der 37 Zahlen sein, das Spiel ist invariant unter 36 Drehungen. Aber wenn der Ball schließlich anhält, bestimmt er eine dieser Zahlen und bricht damit die Symmetrie. Die Symmetrie des Systems verlangt, dass alle Zustände gleich wahrscheinlich sein müssen; das Spielende wählt einen davon aus.

Die Natur kennt viele Formen dieses Spiels. So ist im Wasser, abgesehen von Schwerkrafteffekten, die Struktur der Flüssigkeit in allen Richtungen gleich, homogen und isotrop. Die physikalischen Gesetze, die die Wechselwirkung zwischen den Wassermolekülen beschreiben, müssen demnach invariant sein unter allen Drehungen und Verschiebungen. Wenn wir nun aber die Temperatur unter den Gefrierpunkt absenken, entsteht Eis, mit einer Kristallstruktur von bestimmter Geometrie, die Drehinvarianz ist gebrochen. Wie ist das möglich? Allgemeiner gesprochen: Wenn ein System bei hoher Temperatur eine Symmetrie aufweist, die bei niedrigerer Temperatur nicht mehr vorhanden ist – was ist dann mit dieser Symmetrie geschehen?

Natürlich kann jede Symmetrie *mit Gewalt* gebrochen werden. Wir können einen Zweig der Tanne oder einen Zacken im Stern abbrechen. Das nennt man *explizite Symmetriebrechung* – die einzige Möglichkeit bei einfachen geometrischen Formen. Bei komplexen Systemen, die aus vielen Einzelteilen bestehen, ändert sich das jedoch. Wenn Wasser friert, scheint das System selbst, von sich aus, seinen Symmetriezustand zu ändern. Ein derartiges Verhalten bezeichnet man heute oft als *emergent*, weil es ohne Außeneinwirkung hervortritt. Wird Wasser um ein Grad, von 5 auf 4 Grad Celsius, abgekühlt ~~wird~~, geschieht nichts. Aber eine Abkühlung von +0,5 auf –0,5 Grad verwandelt kontinuierliches Wasser in kristallines Eis. Wie ist das möglich?

Für Physiker ist ein weiteres, sehr beliebtes Beispiel für solche

Vorgänge die Magnetisierung, wie sie zum Beispiel in Eisen auftritt. Das Material besteht aus Atomen, die einen bestimmten Spin haben, wie die Erde mit Nord- und Südpol, und die Spinachse zeigt in eine gewisse Richtung. Zunächst ist die Richtung für jedes Atom willkürlich; aber benachbarte Atome wechselwirken miteinander, und das hat Konsequenzen. Bei hohen Temperaturen fluktuieren die Spins hin und her, was den Effekt der Wechselwirkung zerstört. Im Mittel ist die Spinausrichtung null, da sich für jede Orientierung gleich viele Spins finden. Drehen wir alle Spins um einen bestimmten Winkel, ändert sich das System nicht – und so müssen auch die Gleichungen, die die Wechselwirkung bestimmen, drehinvariant sein. Aber beim Absenken der Temperatur gelangt man zu einem bestimmten Punkt, dem *Curie-Punkt*, benannt nach dem französischen Physiker Pierre Curie. Dieser hatte festgestellt, dass bei Temperaturen unterhalb dieses Punktes die verschiedenen Spins anfingen, sich parallel zueinander auszurichten, in dieselbe Richtung zu zeigen. Das geschah ganz *spontan*, ohne Anwendung etwa eines äußeren Magnetfeldes. Der mittlere Spinwert war jetzt nicht mehr null, weil mehr Spins in eine Richtung zeigten; welche, war nicht vorgegeben, aber es gab immer eine. Offensichtlich war die Spinwechselwirkung die gleiche wie vorher, drehinvariant, aber der Zustand des Systems war es nicht mehr.

In der Natur gibt es demzufolge ein Addendum zum Begriff Drehinvarianz. Dieser Begriff bedeutet nicht, dass der Zustand des Systems unverändert bleibt, wenn man eine Drehung durchführt, sondern nur dass alle durch Drehungen erzeugten Zustände gleich wahrscheinlich sind. Oberhalb der Curie-Temperatur hatte die thermische Agitation jede gemeinsame Ausrichtung verhindert, sodass sowohl die Gleichungen des Systems als auch sein Zustand drehinvariant waren. Unterhalb dieser Temperatur war die Wechselwirkung stark genug, um die thermische Durchmischung zu verhindern, die Spins fingen an, sich aneinander auszurichten: Die Symmetrie des gegebenen Zustands war *spontan gebrochen*. Spontan deshalb, weil es eben keinen äußeren «Verursacher» dafür gab. Indem man ein genügend starkes äußeres Magnetfeld anlegt, lässt sich natürlich bei jeder Temperatur eine solche gemeinsame Ausrichtung erzwingen;

das wäre dann ein Fall der bereits erwähnten *expliziten Symmetriebrechung*, im Gegensatz zu der hier besprochenen spontanen.

Um Vorgänge besser zu verstehen, entwickeln Physiker gern vereinfachte Modelle, die sich auf das Wesentliche beschränken. Ein Großteil unseres heutigen Verständnisses von spontaner Symmetriebrechung beruht auf einem recht einfachen Modell, dessen Berechnung ein Physikprofessor der Universität Hamburg 1920 einem seiner Studenten als Thema für dessen Dissertation gegeben hatte. Aus unserer heutigen Sicht hat der Student diese Aufgabe nur sehr unvollkommen gelöst; nichtsdestotrotz wurde das Modell nach ihm benannt und heißt nun auf ewig

das Ising-Modell.

Es enthält nur die wichtigsten Aspekte der Magnetisierungsfrage. Auf einem rechtwinkligen Gitter ist auf jedem Kreuzungspunkt ein kleiner Spin angebracht, von Einheitslänge und entweder nach oben oder nach unten zeigend: $s_i = \pm 1$ an jedem Gitterpunkt i. Die Spins wechselwirken nur mit ihren nächsten Nachbarn, und zwar so, dass sie freiwillig gern in die gleiche Richtung zeigen; um sie entgegengesetzt auszurichten, muss man sie dazu zwingen, Kraft anzuwenden. Die Form der Wechselwirkung zwischen den Spins ist dabei so vorgegeben, dass ein Umklappen *aller* Spins die Gesamtenergie unverändert lässt. Das ist alles (in Formeln fassen wir es in der Anmerkung A9 noch einmal zusammen).

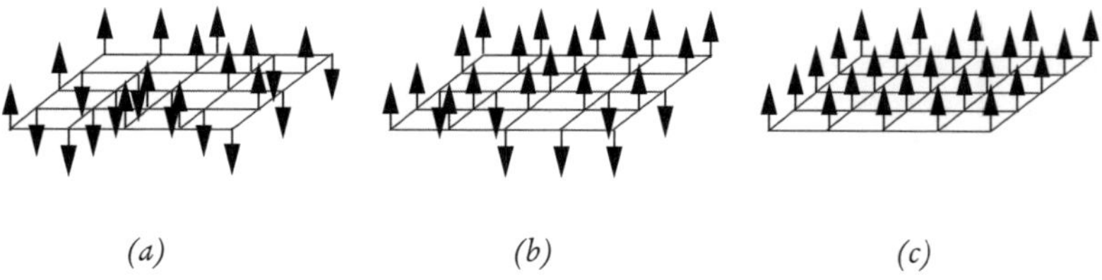

(a) *(b)* *(c)*

Stellen wir uns nun ein solches System in einem Wärmebad vor, in dem genügend thermische Energie vorhanden ist, um die Spins hin und her zu flippen. Dann gibt es zwei widerstreitende Effekte: der Wunsch eines Spins, in die gleiche Richtung zu zeigen wie seine Nachbarn, und die thermische Bewegung, die ihn willkürlich nach oben oder unten flippt. Bei hohen Temperaturen gewinnt die Thermik, bei niedrigen die Ausrichtungsenergie. Der Doktorand Ernst Ising hat sich bei seiner Lösung des Problems auf den eindimensionalen Fall beschränkt, den Spin in gleichen Abständen auf einer langen Schnur statt auf einem Gitter. In diesem Fall passiert nichts, die Thermik gewinnt immer, und nur bei Temperatur null zeigen alle Spins in die gleiche Richtung. Für die erste «richtige» Lösung erhielt 1944 der norwegische Theoretiker Lars Onsager den Nobelpreis. Onsager zeigte, dass im zweidimensionalen Fall bis zu einer Temperatur T_c, die mittlere Spinausrichtung, die sogenannte *Magnetisierung*, null war – die Spins zeigten mit gleicher Wahrscheinlichkeit in alle Richtungen. Aber unterhalb T_c begannen sie, sich parallel zu stellen, nach oben oder nach unten, das war egal, aber sie trafen eine Wahl, und die Magnetisierung war damit nicht mehr null. Bei $T=0$ war sie +1 oder –1. Onsager konnte alle thermodynamischen Größen sowohl oberhalb wie unterhalb der kritischen Temperatur exakt analytisch berechnen. Das war der erste Fall – und ist auch bis heute einer der wenigen geblieben – von berechenbarem kritischem Verhalten eines komplexen Systems in zwei Raumdimensionen. Für drei (und mehr) Dimensionen ist das Modell bis heute noch nicht gelöst.

In gewisser Weise ist das Ising-Model für die statistische Physik so etwas wie der fallende Apfel für die Newton'sche Mechanik. Deren Lösung, die Bestimmung der Trajektorien von fallenden Äpfeln, Kanonenkugeln und Ähnlichem, erforderte eine neue Mathematik; dieser «Calculus» wurde dann von Newton und Leibniz entwickelt. Damit war es Physikern möglich, nicht nur beliebig kleine Veränderungen mathematisch zu untersuchen, sondern auch die Summe unendlich vieler solcher kleinen Veränderungen zu berechnen und damit die gesuchten Trajektorien zu bestimmen. Das mathematische

Gegenstück dazu für das Ising-Modell (oder vergleichbare Modelle) gibt es (noch) nicht. Wir sind nicht einmal dazu in der Lage, einfache Systeme vieler identischer miteinander wechselwirkender Komponenten zu berechnen. Um Onsagers Lösung darzustellen, brauchen die meisten Lehrbücher zwei Kapitel, was letztlich nur zeigt, dass die vorhandene Mathematik mit solchen Fragen große Schwierigkeiten hat. Der operative Ausweg der letzten Jahre ist die *Computersimulation:* Große Hochleistungsrechner gestatten heute die numerische Berechnung selbst von kritischem Verhalten, wie sie etwa im Ising-Modell vorliegt. Darüber hinaus zeigt ein neuer theoretischer Rahmen, die *Renormierungsgruppentheorie*, allgemeine Verknüpfungen zwischen verschiedenen Formen kritischen Verhaltens auf. Trotzdem besteht weiterhin der Wunsch nach einer neuen, für solche Probleme besser geeigneten Form der Mathematik.

Kehren wir zurück zu unserem zweidimensionalen Gitter mit den fluktuierenden Spins. Es gibt eine Unzahl möglicher Konfigurationen, von vollständiger Ausrichtung, alle nach oben oder alle nach unten, bis hin zu beliebigen Mischungen. Für die vollständige Ausrichtung hat man nur zwei Zustände; aber für den Fall gleich vieler nach oben und nach unten gerichteter Spins ist die Anzahl riesengroß, genau genommen 2^N, wobei N die Zahl der Gitterpunkte angibt. Im vorigen Kapitel hatten wir gesehen, dass ein System, sich selbst überlassen, die Zustände mit den meisten möglichen Konfigurationen bevorzugt. Die Anzahl dieser Zustände bestimmt die *Entropie*, die uns auch etwas darüber sagt, wie geordnet oder ungeordnet das System ist. Die Basis der statistischen Mechanik ist, dass die Entropie immer konstant bleibt oder zunimmt. Wenn ich ein Glas fallen lasse, bleibt es entweder heil oder zerspringt in Stücke. Indem ich die Stücke aufhebe und wieder fallen lasse, kann ich niemals das Glas wiederherstellen. Es gibt viele Möglichkeiten, das Glas zu zerbrechen, aber nur eine, es wiederherzustellen. Bei unserem Spinsystem ist die relative Wahrscheinlichkeit für einen vollständig ausgerichteten Zustand, im Vergleich zu einem mit einer Spin-Gleichverteilung, bereits $1:10^{30}$ für ein relativ kleines Gitter von 10 mal 10 Punkten.

Bislang haben wir die Wechselwirkung zwischen den Spins außer Acht gelassen: Zwei gleichgerichtete Spins nebeneinander entsprechen einer niedrigeren Wechselwirkungsenergie als zwei einander entgegengesetzte. Solange genug Energie vorhanden ist, spielt das keine Rolle, der Preis wird von der thermischen Energie bezahlt. Aber wenn wir die Temperatur senken, gibt es davon immer weniger, die bevorzugte Rolle der vielen Zustände wird weniger maßgeblich, der Preis für Nichtausrichtung ist immer schwerer zu bezahlen. Ab einer bestimmten Temperatur T_c dann sind die Rollen vertauscht: Die niedrigere Wechselwirkungsenergie ist jetzt mehr wert, die thermische Energie reicht nicht mehr aus, um eine antiparallele Einstellung zu bezahlen. Nun haben Konfigurationen mit endlicher Magnetisierung die größere Wahrscheinlichkeit. Solange das System gleich viele Spins nach oben und nach unten aufwies, war der mittlere Spinwert, die Magnetisierung, null, $m = 0$. Unterhalb von T_c aber wird m endlich, von null verschieden. Damit wird m ein *Ordnungsparameter,* der angibt, ob das System ungeordnet ist, $m = 0$, oder zumindest teilweise geordnet, $m \neq 0$.

Thermische Systeme unterliegen einem ständigen Wettstreit von Entropie und Energie, von Unordnung und Ordnung. Bei hohen Temperaturen gewinnen Entropie und Unordnung, bei niedrigen Energie und Ordnung. Wir erinnern daran, dass die Wechselwirkungsform des Ising-Modells invariant war unter der globalen Operation, die jeden Spin ins Gegenteil umflippt. Das Ising-Modell ist *flip-invariant.* Solange die Magnetisierung null ist, ist das auch der Zustand des Systems. Aber sobald $m \neq 0$ wird, zeigen entweder mehr Spins nach oben oder nach unten. Der Zustand ist demnach nicht mehr flip-invariant, die Symmetrie ist spontan gebrochen. Die Wahrscheinlichkeit ist gleich groß für jede der beiden Möglichkeiten – aber die Symmetrie des Zustands ist jetzt spontan zerstört.

Anhand des einfachsten Beispiels, des Ising-Modells, haben wir gesehen, dass spontane Symmetriebrechung das System in einen von zwei Zuständen bringt, mehr Spins nach oben oder nach unten. In der Endphase, bei Temperatur null, sind dann alle entweder nach oben oder nach unten ausgerichtet. Man bezeichnet die beiden Letzteren daher als die *Grundzustände*. Die Gesetze des Modells sind invariant unter Inversion, und so landet das System in einem von zwei äquivalenten oder *entarteten* Grundzuständen. Welchen es erreicht, muss es selbst entscheiden.

Eine klassische Illustration dieses Dilemmas stammt von dem persischen Philosophen al-Ghazali aus dem elften Jahrhundert n. Chr.; er sprach von einem durstigen Mann, der angesichts zweier Gläser Wasser verdursten würde, da er sich nicht zwischen ihnen entscheiden könne. Die Geschichte wurde bekannter durch den französischen Priester Jean Buridan, im vierzehnten Jahrhundert Professor an der Universität Paris. Er ersetzte den durstigen Mann durch einen Esel, der sterben musste, weil er sich nicht zwischen zwei Heuhaufen entscheiden konnte. Natürlich starb weder der eine noch der andere, denn die kleinste Störung bringt Mann oder Esel der einen oder der anderen Möglichkeit näher und bricht damit spontan die Symmetrie der Situation. Aus der Sicht der heutigen Physik gibt es ein noch besseres Beispiel: einen Ball, der auf einer Anhöhe zwischen zwei Gräben ruht. Der Ball ist in einer sehr wackeligen Lage, jede kleinste Störung lässt ihn in einen der beiden Gräben rollen und damit die Symmetrie brechen. Und wenn er einmal unten liegt, bleibt er dort:

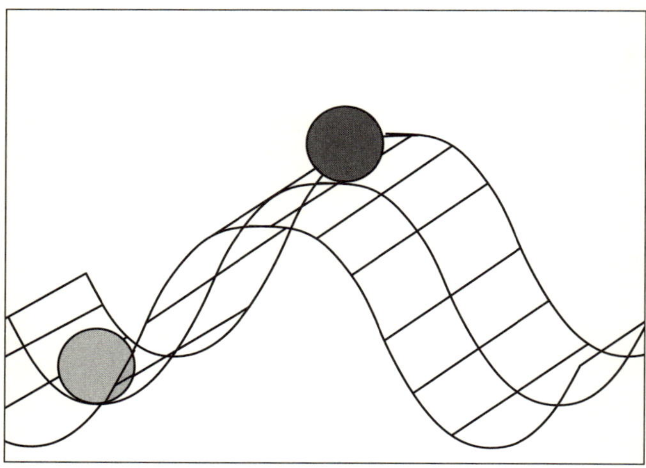

Symmetriebrechung bei zwei entarteten Grundzuständen

Er hat nicht die Energie, wieder hoch oder in den anderen Graben zu kommen.

Wir können unser Modell etwas komplizierter machen, indem wir die zwei möglichen Orientierungsrichtungen des Ising-Modells durch drei ersetzen, wie in einem Mercedes-Stern. Dann hat das System, das sich bei hohen Temperaturen wieder in einem symmetrischen Zustand befindet, bei niedrigen die Wahl zwischen drei Ausrichtungen. Jetzt gibt es drei entartete Grundzustände: Der Ball muss einen davon auswählen und dann dort bleiben, da ihm die Energie fehlt, wieder hochzukommen oder in einen anderen Zustand zu wechseln. Und so können wir zu immer komplizierteren Spinmodellen kommen mit immer mehr entarteten Grundzuständen.

Was passiert aber, wenn die Symmetrie kontinuierlich wird, wenn der Spin jede Ausrichtung einnehmen kann? Das bringt uns zum *Heisenberg-Modell*, das Werner Heisenberg zur Untersuchung des Ferromagnetismus eingeführt hat. Jetzt ist die Wechselwirkung zwischen zwei Spins nicht nur invariant bei zwei oder drei Operationen, sondern bei allen, unendlich vielen Drehungen im Raum. Buridans armer Esel ist nun umgeben von einem Ring aus Heu: Wo soll er anfangen? Der Fall mit den zwei Heuhaufen, das Ising-Modell, brachte Lars Onsager, der Ring aus Heu dem japanischen Physiker Yoichiro Nambu den Nobelpreis. Wir müssen unser Bild mit dem Ball etwas modifizieren, der höchste Punkt ist jetzt ein Berg, umgeben von einem kreisförmigen Graben unendlich vieler Grundzustände. Es gibt einen wesentlichen Unterschied zu der früheren Situation: Diese Grundzustände sind jetzt nicht mehr durch irgendetwas getrennt, sie gehen nahtlos ineinander über.

Buridans Esel beginnt irgendwo zu fressen und bricht dadurch die Symmetrie. Aber jetzt kann er ohne Einschränkung ein Stück weiterrücken, wenn ihm das Heu dort besser scheint. Und der Ball kann ohne Energieaufwand in dem kreisförmigen Graben herumrollen – er muss keine Trennwand überspringen wie diejenige, die zuvor die zwei Grundzustände voneinander getrennt hatten. Darin besteht der grundle-

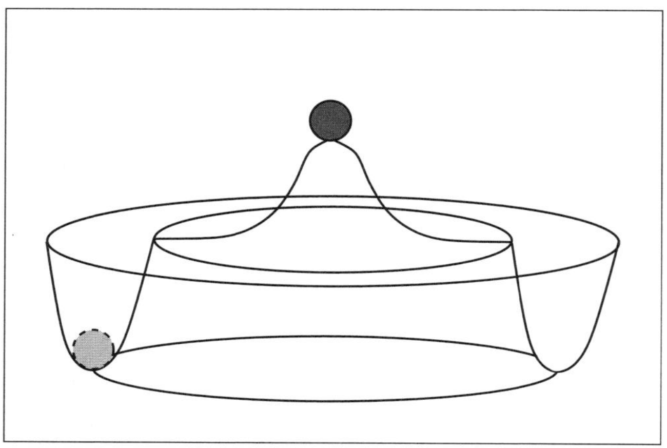

Berechung einer kontinuierlichen Symmetrie

gende Unterschied zwischen der Brechung einer diskreten und einer kontinuierlichen Symmetrie: Die Letztere hat unendlich viele, nicht voneinander getrennte, entartete Grundzustände. Das System kann energiefrei von einem in den anderen übergehen. Deshalb haben wir hier einen zusätzlichen Freiheitsgrad: Der Ball kann um den Berg rollen, und im Fall von Spins kann der ausgerichtete Spin seine Ausrichtung, wie eine langsame Welle, graduell und kontinuierlich ändern. In der Quantenwelt entsprechen sich Wellen und Teilchen, und so wird aus der langsamen Spinwelle ein masseloses Teilchen, das erscheint, sobald eine (globale) kontinuierliche Symmetrie spontan gebrochen wird: das Nambu-Goldstone-Boson. Yoichiro Nambu hatte solche flüchtigen Wellen in der Theorie der Supraleitfähigkeit untersucht; Jeffrey Goldstone, ein britischer Theoretiker, übertrug sie in die Elementarteilchentheorie, wo sie unerwartete Auswirkungen hatten: Sie wurden schließlich zu Pionen.

Ganz allgemein wusste man, dass die spontane Brechung einer globalen kontinuierlichen Symmetrie das Erscheinen von neuen, masselosen Teilchen hervorrufen würde. Wie viele verschiedene es sind, hängt von der Dimension des Symmetrieraums ab: Bei der

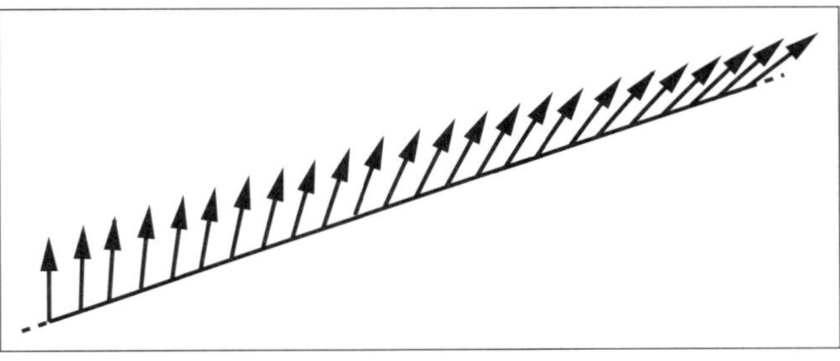

Eine Spin-Welle

gebrochenen Drehinvarianz im dreidimensionalen Raum sind es drei.

Wir hatten bisher zwei Teilchenformen betrachtet: einerseits Teilchen, aus denen die Materie aufgebaut wird, wie die Quarks, die daraus aufgebauten Nukleonen und die Elektronen, sowie andererseits Teilchen, die Kräfte übermitteln wie Mesonen, Gluonen und Photonen. Die Ersteren haben immer einen inhärenten Spin 1/2; sie müssen deshalb das schon erwähnte Pauli'sche Ausschließungsprinzip befolgen, das in jedem vollständig festgelegten Zustand nur einen Einwohner gestattet. Sie werden allgemein als *Fermionen* bezeichnet, benannt nach dem außerordentlich vielseitigen italienischen Physiker Enrico Fermi. Fermi hat nicht nur viel zu den Grundlagen der Quantenstatistik beigetragen, sondern auch die Durchführung der ersten kontrollierten Kettenreaktion geleitet, der Grundlage für die heutige Verwendung der Kernkraft. Der Spin der kraftübermittelnden Botenteilchen ist entweder null oder eins; sie können daher durchaus auch dicht gedrängt existieren. Diese Teilchen nennt man *Bosonen*, nach dem indischen Physiker Satyendranath Bose, der eng mit Einstein zusammengearbeitet hat. Daneben treffen wir jetzt auf eine weitere Teilchenform, die zwar auch ein Boson bildet, aber einen anderen Ursprung hat: die spinlosen, masselosen Teilchen, die bei der spontanen Brechung einer kontinuierlichen Symmetrie entstehen. Ein wenig gleichen sie dem Schatten einer dahinziehenden Wolke. Die Wolke entsteht als Zustandsänderung im Wasserdampf der Luft und kann nur deshalb Schatten werfen; dieser Schatten aber kann sich über die Erdoberfläche ohne jeden Energieaufwand fortbewegen. Vielleicht sollte man die Nambu-Goldstone-Bosonen deshalb als

Schattenteilchen

bezeichnen. Insbesondere in der Elementarteilchenphysik haben sie sich als sehr wichtig erwiesen, da ihr Erscheinen keineswegs auf die von uns bisher untersuchten Spinsysteme beschränkt ist. Die Gesetze der Quantenchromodynamik (QCD) bleiben unter verschiedenen Symmetrieoperationen invariant, und wir müssen uns daher fragen, ob unsere tatsächliche Welt diese Symmetrien tatsächlich aufweist. Wenn nicht, könnte die Theorie natürlich auch falsch sein. Aber vielleicht sind die Symmetrien auch nur spontan gebrochen ...

Viele Symmetrien der QCD sind in der Tat auch in unserer Welt vorhanden. Fangen wir wieder an mit der Idealversion, masselose *u*- und *d*-Quarks und ihre Antiteilchen. Proton und Neutron sind dann verschiedene Ladungszustände einer Teilchenform, des Nukleons. Auf ähnliche Weise erhält man verschiedene Ladungszustände von Mesonen, ± und 0. In Wirklichkeit stimmt das nicht ganz, die Massen von Proton und Neutron sind geringfügig verschieden: Auch die der Mesonen verschiedener Ladung sind nicht ganz gleich. Lassen wir das aber im Augenblick außer Acht; dann können wir uns einen imaginären Raum vorstellen, in dem die Achsen durch die Quantenzahlen der Quarks festgelegt sind. Wir können darin wie in einem normalen dreidimensionalen Raum Drehungen ausführen, nur dass die Drehung jetzt z. B. ein Proton in ein Neutron verwandelt oder ein neutrales in ein geladenes Meson. Die Gesetze der QCD sind invariant unter solchen Drehungen – wie sieht es in der Wirklichkeit aus? Unter Berücksichtigung der kleinen erwähnten Abweichungen stimmen das Spektrum der Hadronen sowie ihre gemessenen Wechselwirkungen auch damit überein. Die Invarianz der QCD sagt jedoch darüber hinaus vorher, dass es für jeden Nukleonzustand einen gespiegelten geben sollte, der in jeder Hinsicht identisch ist mit dem vorgegebenen, nur dass der Spin umgedreht ist, bei dem einen im Uhrzeigersinn, bei dem anderen entgegengesetzt. Die gespiegelten Partner wurden aber nie gefunden, sodass die entsprechende Symmetrie offensichtlich von dem Zustand unserer Welt spontan gebrochen sein muss. Die fraglichen Drehungen sind kontinuierliche Operationen in einem dreidimensionalen Raum, sodass aus der Brechung drei der bewussten Nambu-Goldstone-Bosonen hervorgehen sollten. Die betroffene Invarianz wird allgemein als *chirale Symmetrie* bezeichnet (vom griechischen Wort für Hand). Die verschiedenen links- und rechtshändigen Objekte sind dabei das Nukleon und sein nicht vorhandenes gespiegeltes Ebenbild. Der Ordnungsparameter für diese Symmetrie ist die effektive Masse der Quarks – nicht eine inhärente, sondern die durch die QCD selbst erzeugte. Solange diese Masse null ist, ist der Zustand chiral-symmetrisch; die Masse wird ungleich null durch die spontane Brechung der chiralen Symmetrie. Wie wir gesehen haben, geschieht das dadurch, dass sich um jedes nackte Quark eine Gluonwolke bildet; diese gibt dem so gebildeten Konstituentenquark seine effektive Masse von etwa 300 MeV. Anders gesagt, in einem chiral-symmetrischen Zustand haben wir masselose Quarks und Gluonen; im Zustand spontan gebrochener Symmetrie entstehen daraus die massiven Konstituentenquarks; dazu kommen nun noch drei neue Schattenteilchen. Deren Rolle fällt den Pionen zu, deren Masse (140 MeV) ja weit unter der von normalen Mesonen liegt, die mit etwa 600 MeV ebendie von einem Paar von Konstituentenquarks haben. Die im Pion enthaltenen Quarks bleiben offensichtlich nackt.

Hier haben wir wieder einmal die schon erwähnten Schönheitsfehler der idealisierten QCD außer Acht gelassen. Proton- und Neutronmassen sind nicht gleich, obwohl der Unterschied von 1,3 MeV nur ein Zehntel Prozent ausmacht. Der Fall der Pionen ist ernster: Wenn ihre Masse null wäre, hätten die Kernkräfte eine unendliche Reichweite! Andererseits ist 140 MeV nicht null, obwohl sehr viel weniger als die 600 MeV eines normalen Mesons. Der schon erwähnte Ausweg besteht darin, den Quarks der QCD eine inhärente kleine Masse zu geben, 2–3 MeV für das *u*, 3–6 MeV für das *d*. Wir betonen nochmals, dass es sich dabei um *ad hoc* in die QCD eingeführte Parameterwerte handelt, so gewählt, um die erwähnten Schwierigkeiten zu beheben. Diese inhärenten Massen haben nichts mit den im Rahmen der QCD berechneten 300 MeV zu tun; diese führen auf die Massen der Nukleonen und somit zu den Inertialmassen unserer Welt. Mit den angegebenen Werten für die Inertialmassen erhalten nun Proton- und Neutronmassen ihre leicht unterschiedlichen Werte, und auch die Pionmasse ist nicht mehr null, sondern erreicht ihre 140 MeV.

Der Begriff der chiralen Symmetrie verschafft uns auch einen besseren Einblick in die Vorgänge beim Übergang von einer hadronischen Welt in die farbige der Quarks und Gluonen. In der hadronischen Welt ist die chirale Symmetrie spontan gebrochen, die Quarks haben sich mit Hilfe von Gluonwolken eine effektive Masse verschafft. Wenn wir ein solches System erhitzen, erreichen wir irgendwann eine kritische Temperatur, bei der die Gluonwolken schmelzen, die Quarks wieder (fast) masselos werden und zusammen mit den auf diese Weise freigesetzten Gluonen ein Quark-Gluon-Plasma bilden. Demzufolge ist die Quarkentkopplung gleichzusetzen mit der Wiederherstellung, der Restauration der chiralen Symmetrie. Es wurde bereits mehrfach erwähnt, dass das Universum zu früheren Zeiten, also bei höheren Temperaturen, symmetrischer war als heute. Die Inertialmasse unser Welt, die Masse der Atomkerne und somit die aller Materie, ist erst durch die spontane Brechung der chiralen Symmetrie entstanden.

Dem Pion fällt dabei die Rolle eines ganz besonderen Teilchens zu, eines Quark-Antiquark-Zustands, der ein Schattenteilchen bildet, ein Nambu-Goldstone-Boson. Im Grenzfall verschwindend kleiner inhärenter Quarkmasse wäre es masselos, seine Quarkkonstituenten erhalten keine Gluonwolke, bleiben nackt. Seine tatsächliche Masse erhält es schließlich durch die Einführung der inhärenten Quarkmassen. Ende gut, alles gut; nur – gibt es einen besseren Grund für die Werte dieser inhärenten Massenparameter als den, dass dann die Hadronmassen genauer stimmen? Wo kommen diese Parameter her, und warum sind sie, was sie sind? Das bringt uns wieder zu einem Thema, das wir schon kurz erwähnt hatten:

lokale Symmetrien.

Alle Symmetrien, die wir bisher betrachtet hatten, waren *global*, d. h., alle Komponenten des Systems wurden der gleichen Operation unterworfen. Beim Ising-Modell ändert sich die Wechselwirkung nicht, wenn wir alle Spins in ihr Gegenteil flippen; das System bleibt invariant unter einer solchen Operation. Wenn wir aber nur einen oder nur eine endliche Anzahl flippen, ändert sich der Wert der Wechselwirkungsenergie. Globale Symmetrien lassen die Welt unverändert, weil alle gleich behandelt werden.

Es gibt aber auch Wechselwirkungen mit einem noch höheren Grad an Symmetrie, von einer Form, die auch von *lokalen* Operationen invariant gelassen wird. Wir hatten schon angedeutet, dass das nur in einer Welt wechselwirkender Komponenten möglich sein kann: Die Nachricht einer ausgeführten Änderung muss sich irgendwie ausbreiten. Da die Wechselwirkung immer im Einklang mit der Relativitätstheorie bleiben soll, die ja instantane Fernwirkung verbietet, muss ein Feld vorhanden sein, wie es um eine elektrische Ladung besteht. Wenn wir nun an einer Komponente des Systems eine Änderung vornehmen, sendet diese eine Feldwelle aus und teilt es dadurch dem System mit, damit es sich entsprechend anpassen kann.

Stellen wir uns einen Kasten vor, der ein *u*-Quark und sein Antiteilchen enthält, demnach die elektrische Gesamtladung wie auch die Baryonenzahl null aufweist. Wenn wir jetzt lokal das *u*-Quark in ein *d*-Quark verwandeln, muss eine Welle dies dem Anti-*u* mitteilen und es in ein Anti-*d* verwandeln, um die Erhaltung der Gesamtquantenzahlen zu gewährleisten. In der Quantenmechanik entspricht diese Welle einem ausgetauschten Teilchen, einem Kraft- oder Botenteilchen in unserer bisherigen Terminologie. Die Existenz, das Erscheinen dieses Teilchens folgt hier allein aus der lokalen Invarianz einer relativistischen Theorie. Solche lokalen Operationen, lokale Änderungen an einer Einstellung, nennt man ganz allgemein *Eichungen*, wie bei der Eichung einer Skala oder eines Thermometers. Wir verlangen nun, dass das Gesamtsystem sich unter solchen Eichungen nicht ändert, dass es *eichinvariant* ist. Die Teilchen, die ausgesandt werden, um das zu bewerkstelligen, bezeichnet man deshalb als *Eichbosonen*. Es muss sich um Bosonen handeln, und ihr Spin muss ganzzahlig sein, da die Materieteilchen, Quarks oder Elektronen, Fermionen sind und halbzahligen Spin haben. Im Falle des Teilchenaustauschs bleibt diese Eigenschaft nur dann erhalten, wenn die ausgetauschten Teilchen Bosonen sind. Zudem dürfen sie keine Masse haben, damit Eichungen an verschiedenen Orten nicht zu verschiedenen Massen führen. Da wir von allen Wechselwirkungen verlangen, dass sie eichinvariant sind, erscheinen auf diese Weise die verschiedenen Eichbosonen, die jeweils die entsprechende Wechselwirkung vermitteln. Die Anzahl der für eine bestimmte Wechselwirkung erforderlichen Eichbosonen wird durch die zugrunde liegende Symmetrie, genauer durch die Zahl der verfügbaren inneren Freiheitsgrade, bestimmt. Die Elektrodynamik, mit der Ladung als Freiheitsgrad, erfordert ein Eichboson, das Photon. Die Quantenchromodynamik, mit drei Farbladungen, braucht acht solcher Bosonen (rot-blau, rot-grün usw., wobei rot-rot + blau-blau + grün-grün als farblos ausscheiden).

An dieser Stelle müssen wir eine kleine Pause einlegen, um auf die Wechselwirkungsformen im Mikrokosmos zurückzukommen; denn im Rahmen der von uns bislang diskutierten Physik kann man ein *u*-Quark nicht einfach in ein *d*-Quark verwandeln. Man kann zwar in Prozessen wie $n + \pi^+ \rightarrow p + \pi^0$ ein Neutron *(udd)* in ein Proton *(uud)* umwandeln, aber in der Reaktion bleibt die Gesamtzahl der *u*- und *d*-Quarks erhalten, da das π^+ aus $u\bar{d}$ und das π^0 aus $u\bar{u} + d\bar{d}$ besteht.

Über die bislang erwähnten Wechselwirkungen – starke Kernkraft, elektromagnetische Kraft und Schwerkraft – hinaus gibt es noch eine weitere, die *schwache Kernkraft*. Sie trat zunächst in Form der *Radioaktivität* in unsere Welt. Man beobachtete, dass gewisse Kerne spontan das Verhältnis der in ihnen enthaltenen Protonen und Neutronen abändern. So enthält der Kern eines gewissen Cäsiumisotops 55 Protonen und 82 Neutronen; er hat also eine Gesamtnukleonenzahl 133 und eine Gesamtladung +55. Man fand, dass durch natürlichen radioaktiven Zerfall daraus nach einiger Zeit 56 Protonen und 81 Neutronen wurden. Es muss eine Reaktion der Form $n \rightarrow p + e^-$ geben, und in der Tat stellte sich heraus, dass isolierte Neutronen einen Zerfall dieser Art (man spricht von Beta-Zerfall) aufweisen. In den meisten Kernen ist er ausgeschlossen, da die Bindungsenergie den Übergang verbietet – die effektive Massendifferenz von Neutron und Proton ist zu klein für die Erzeugung eines Elektrons. Wenn nun freie Neutronen in ein Proton und ein Elektron zerfallen würden, müssten sich die beiden die Energiedifferenz teilen, d. h., die Summe der Energien von Proton und von Elektron müsste genau die Neutronmasse ergeben. Das ist aber nicht der Fall, die Summe ist geringer.

Die Lösung dieses Rätsels ist ein weiteres Verdienst des großen Wolfgang Pauli, der daraus schloss, dass noch ein weiteres Teilchen im Spiel sein müsse: das (fast) masselose *Neutrino* ν. Der wahre Zerfall des Neutrons lieferte ein Proton, ein Elektron und ein Antineutrino, wurde also zu $n \rightarrow p + e^- + \bar{\nu}$. Aus dieser Feststellung entstand ein neues Forschungsgebiet der Elementarteilchenphysik, die *schwache Wechselwirkung*. Sie wird als schwach bezeichnet, da die Zeitskalen hier sehr viel größer sind als in der starken Wechselwirkung. So beträgt die mittlere Lebensdauer eines Neutrons etwa eine Viertelstunde; im Vergleich dazu zerfällt ein angeregter Zustand in der starken Wechselwirkung in etwa 10^{-24} Sekunden. Und während im Vergleich zur elektrischen und zur Schwerkraft bereits die starke Wechselwirkung von sehr kurzer Reichweite ist, ist die schwache Wechselwirkung fast punktförmig, demzufolge von minimaler Reichweite.

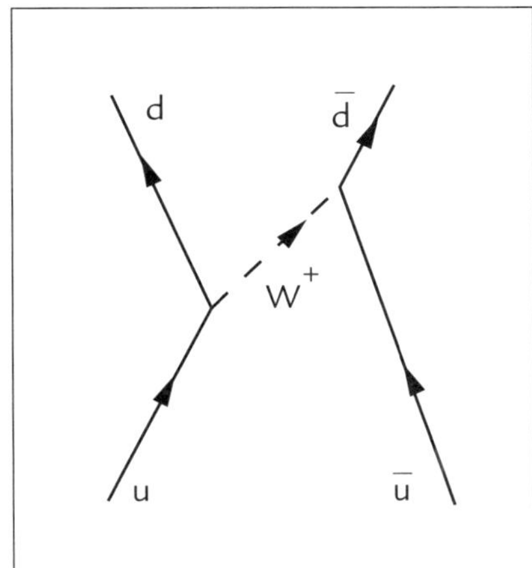

Lokale Transformation eines u-Quarks in ein d-Quark, erzeugt durch die Emission eines W^+-Mesons

Die Welt der kleinsten Bausteine zerfiel mithin in zwei Kategorien. Es gab diejenigen, die der starken Wechselwirkung unterliegen, die *Hadronen* und ihre Bestandteile, die *Quarks*. Da deren Wechselwirkung so viel stärker ist als alle anderen, bilden die Hadronen eine Welt für sich; da sie so viel schwächer sind, kann man hier die anderen Wechselwirkungen in den meisten Fällen vernachlässigen. Sie kommen erst bei Vorgängen wie dem Neutronenzerfall ins Spiel. Andererseits unterliegen Elektron und Neutrino nicht der starken Wechselwirkung und bilden ihrerseits eine eigene Gruppe, die *Leptonen*. Die weitere Erforschung der Leptonen zeigte, dass auch hier, wie bei den *u*- und *d*-Quarks, die Welt vielfältiger war als zunächst erwartet. Man fand für das Elektron einen schweren Bruder, das Muon μ, das aber seinerseits auch noch einen schwereren hatte, das Tau (τ). Jedes der drei hat sein eigenes Neutrino, ν_e, ν_μ und ν_τ,und jedes Lepton hat wiederum sein Antiteilchen – beim Elektron das bekannte Positron, bei den anderen entsprechend.

e^-	μ^-	τ^-
ν_e	ν_μ	ν_τ

Damit war in der Mikrowelt doch wieder eine gewisse Symmetrie eingekehrt. Es gibt sechs Sorten Quarks und sechs Sorten Leptonen; alle haben halbzahligen Spin, sind demzufolge *Fermionen*. Die Quarks unterliegen der starken Wechselwirkung, der Quantenchromodynamik. Bei den Leptonen hat man sowohl die elektromagnetische als auch die schwache Wechselwirkung zu berücksichtigen. Bereits vor mehr als fünfzig Jahren begannen Versuche, die beiden Letzteren zu einer zu vereinigen. In den Sechzigerjahren gelang das den Amerikanern Sheldon Glashow und Steven Weinberg und davon unabhängig dem Pakistani Abdus Salam: Die Theorie der *elektroschwachen Wechselwirkung* war geboren. Sie enthielt die sechs Leptonen (e^-, μ^- und τ^- und die dazugehörigen drei Neutrinos) und für alle die entsprechenden Antiteilchen. Die Welt der Fermionen im Mikrokosmos ist damit komplett. Dazu kommen die Botenteilchen, welche die Kräfte vermitteln, die Eichbosonen.

Die Eichbosonen der Quantenchromodynamik sind die masselosen Gluonen von acht verschiedenen Farbladungen. Auch die schwache Wechselwirkung muss eichinvariant sein; das führt zu vier Eichbosonen. Der Elektromagnetismus liefert bereits das masselose Photon; dazu kommen dann drei *schwache Vektorbosonen*, die die schwache Wechselwirkung bestimmen. Sie werden mit $W^{\pm}$ und Z_0 bezeichnet und waren zunächst nur Vorhersagen der Theorie von Glashow, Weinberg und Salam. Damit die extrem kurze Reichweite der schwachen Kraft gegeben ist, müssen diese Vektorbosonen extrem große Massen aufweisen – und waren deshalb auch noch nicht experimentell beobachtet worden, als die Theoretiker im Jahr 1979 für ihre Arbeit den Nobelpreis für Physik erhielten. Erst 1983 gelang es Wissenschaftlern des CERN, sie auch experimentell nachzuweisen; dafür erhielten, als Sprecher für die CERN-Mannschaft, Carlo Rubbia und Simon van der Meer 1984 den Nobelpreis.

Während die Leptonen nicht der starken Wechselwirkung unterliegen, können die Quarks an der schwachen Wechselwirkung teilnehmen. Der Neutronenzerfall war ja der Auslöser unserer Überlegungen, denn dabei muss ein *d*-Quark in ein *u*-Quark übergehen, und es werden ein Elektron und ein Antineutrino zusätzlich zum Proton erzeugt. Das geschieht nach der nun vorhandenen Theorie der elektroschwachen Wechselwirkung durch Austausch eines W^--Bosons.

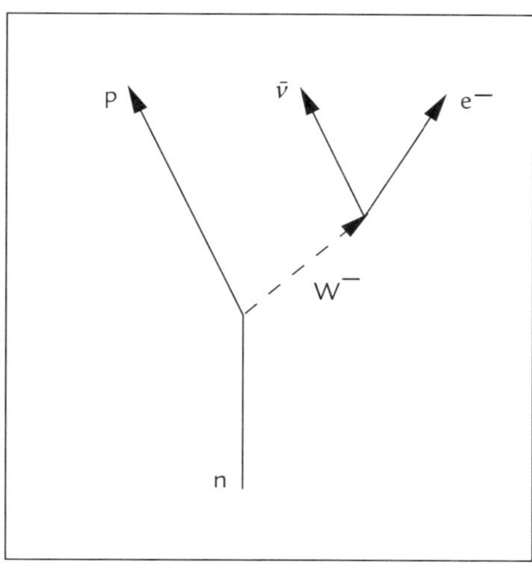

Neutronenzerfall

Von Anfang an war die Notwendigkeit klar, dass zwischen der Quantenchromodynamik für die starke Wechselwirkung und der Glashow-Weinberg-Salam-Theorie für die elektroschwache Wechselwirkung irgendeine Verbindung vorhanden war. Es musste ein *Standardmodell* geben, das beide als eine Art Untertheorien enthielt. Bedauerlicherweise hatte dieses Modell von beiden Seiten die Existenz theoretisch unmotivierter Massen geerbt. Die Quarks mussten *ad hoc* inhärente Massen haben, damit die Hadronenwelt stimmte, und auch die drei Sorten Elektronen mussten ihre gemessenen Massenwerte haben. Während aber die Gluonen masselos sind und sich die Intertialmasse der Nukleonen bis auf sehr kleine Abweichungen mit Hilfe der QCD ausrechnen lässt, haben die schwachen Eichbosonen selbst eine (sehr große) inhärente Masse, die von außen vorgegeben werden muss. Das ist besonders peinlich, da ja, wie schon erwähnt, Eichbosonen *a priori* masselos sein sollten. Wo kommen also diese Massenwerte her, was ist

der Ursprung der inhärenten Massen,

und warum sind sie, was sie sind? Damit war die Aufgabe klar: Man formuliere eine eichinvariante Theorie masseloser Materieteilchen (Fermionen), die die Quantenchromdynamik und die elektroschwache Theorie umfasst und die dann durch spontane Symmetriebrechung sowohl zu den Massen der Eichbosonen der schwachen Wechselwirkung als auch zu den inhärenten Massen von Quarks und Leptonen führt.

Wie die eigentlichen Massen, die Inertialmassen, im Universum entstehen, hatten wir schon gesehen. Ein Liter Wasser hat eine Masse (hier auf Erden auch ein Gewicht) von einem Kilogramm. Es besteht aus etwa 10^{25} H_2O-Molekülen. Letztere wiederum bestehen aus Wasserstoff- und Sauerstoffatomen und diese schließlich aus Protonen und Neutronen, von denen jedes etwa 940 MeV = $1{,}7 \times 10^{-27}$ kg wiegt. Das Nukleongewicht multipliziert mit der Zahl der in einem Liter vorhandenen Nukleonen bringt uns auf das besagte eine Kilogramm. Ein Nukleon besteht seinerseits aus drei (fast) masselosen Quarks, die mit Hilfe von Gluonen zusammengekoppelt sind. Die inhärente Quarkmasse von einigen MeV ist somit für die Gesamtmasse des Nukleons unwichtig, sie macht weniger als ein Prozent davon aus. Die Nukleonmasse kommt zustande, weil die Gluonen im Nukleon um jedes der drei Quarks eine Wolke bilden und eine effektive Quarkmasse von etwa 300 MeV erzeugen. Diese Wolkenbildung ist ein ganz allgemeines Phänomen in der Physik, das als *Polarisierung* bekannt ist. Wenn man in ein Plasma gleich verteilter positiver und negativer Ladungen eine zusätzliche starke positive Ladung einbringt, dann fühlen sich die Elektronen des Plasmas zu Letzterer hingezogen. Sie bilden eine Polarisierungswolke um diese Ladung, die dadurch eine größere Masse bekommt; wenn ich sie bewegen will, muss ich die Wolke mitziehen. Im Falle des Nukleons sind es die Gluonen, die sich um die Quarks scharen und ihnen so Inertialmassen geben, die um Größenordnungen über den inhärenten Quarkmassen liegen.

Masselose Eichbosonen, die Gluonen, erzeugen Polarisierungswolken um die (fast) masselosen Quarks – auf diese Art und Weise kann die Inertialmasse in der starken Wechselwirkung erreicht werden. In der schwachen Wechselwirkung hingegen ist es nicht möglich, auf die gleiche Weise vorzugehen und mit masselosen Eichbosonen effektive Elektronenmassen zu erzeugen; hier müssen die Eichbosonen selbst eine Masse bekommen. Ein und vielleicht sogar der einzige Ausweg aus diesem Dilemma wurde vor etwa fünfzig Jahren mehr oder weniger gleichzeitig von Peter Higgs in England, Robert Brout und François Englert in Belgien sowie Gerald Guralnik, Richard Hagen und Tom Kibble in den USA aufgezeigt. Es ergab sich schließlich, dass er heutzutage meistens als *Higgs-Mechanismus* bezeichnet wird. Die zugrunde liegende Idee verbindet, grob gesprochen, Einsteins mysteriöse kosmologische Flüssigkeit mit dem Vorgang der Polarisierung.

Man nehme an, dass das gesamte Universum von einem Urfeld durchdrungen ist, in dem die zunächst masselosen Quarks und Leptonen «schwimmen» und durch gleichfalls masselose Eichboso-

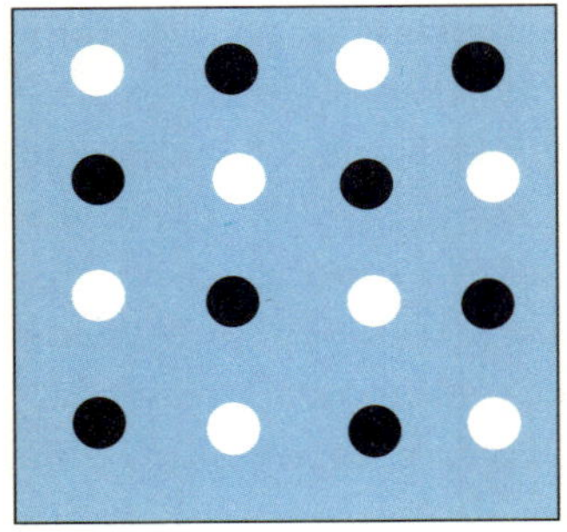

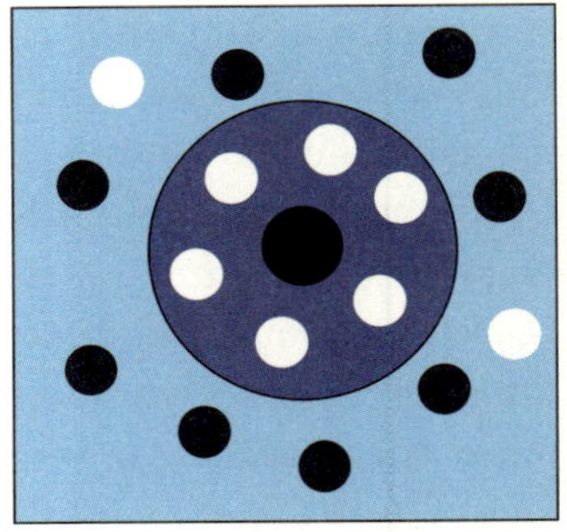

Die Polarisierung eines Plasmas durch eine zusätzliche starke Ladung (großer schwarzer Punkt), die dadurch eine effektive Masse erhält (dunkelblauer Kreis).

nen miteinander wechselwirken. Im Gegensatz zum halbzahligen Spin der Materiefelder von Quarks und Leptonen und zum Spin eines der Eichbosonen ist das Higgs'sche Urfeld *skalar*, es hat keinen Spin. Die Gesetze dieser Welt sind invariant unter allen bisher erwähnten Symmetrien, und zwar sowohl global (innere Symmetrien) als auch lokal (Eichsymmetrien). Der Zustand unserer heutigen Welt teilt diese Invarianz nicht mehr, diverse Symmetrien sind spontan gebrochen. Die globale chirale Symmetrie wird spontan gebrochen, wenn die Temperatur so weit gesunken ist, dass sich die Gluonfelder um die nackten Quarks scharen und diesen damit eine effektive Masse geben. Etwas Ähnliches kennen wir aus unserer alltäglichen Welt; hier führt das Absenken der Temperatur bei Wasserdampf zur Kondensation. Und während ein Schwamm im Dampf praktisch masselos bleibt, saugt er nun das entstandene Wasser auf und erhält dadurch eine beachtliche effektive Masse, bestehend aus Schwamm und Wasser.

Im Standardmodell führt eine genügend niedrige Temperatur zu einem vergleichbaren Effekt. Das Higgs-Feld besteht aus vier Komponenten; sie entsprechen den drei Ladungen der schwachen Bosonen und dem Photon. Im Augenblick der «Verflüssigung» des Higgs-Feldes saugen die bis dahin masselosen schwachen Eichbosonen drei dieser vier Komponenten auf und erhalten so ihre beobachtete große Masse. Die vierte bleibt übrig, erhält aber durch die Kondensation eine ähnliche Masse wie die schwachen Eichbosonen. Es ist das ominöse Higgs-Teilchen, das existieren muss, wenn der ganze Formalismus einen Sinn machen soll.

Den Materieteilchen ergeht es wie den schwachen Eichbosonen. Auch sie schwimmen masselos im Higgs-Dampf, bis dieser sich verflüssigt. In diesem Augenblick saugen sie die Flüssigkeit auf und erhalten so ihre inhärente Masse.

Dadurch wird unsere heutige Welt das Ergebnis von zwei fundamentalen spontanen Symmetriebrechungen. Aus einem symmetrischen Naturgesetz entsteht durch die erste spontane Brechung der Higgs-Feld-Symmetrie ein Zustand, in dem

- die masselosen schwachen Eichbosonen massiv werden, während das Photon masselos bleibt;
- ein massives Higgs-Boson erscheint;
- die einheitliche elektroschwache Theorie in eine schwache und eine elektromagnetische Wechselwirkung aufgespalten wird.
- Polarisierungseffekte im kondensierten Higgs-Feld den Quarks und Leptonen ihre inhärenten Massen geben.

In diesem Zustand gibt es, wie schon erwähnt, noch keinen leeren Raum, kein physikalisches Vakuum – neben den Leptonen befinden sich überall Quarks und Antiquarks in hoher Dichte. Erst in einer zweiten spontanen Symmetriebrechung, derjenigen der chiralen Symmetrie, verkoppeln sich die farbigen Quarks zu massiven Hadronen und hinterlassen so den leeren Raum, das Vakuum als Quintessenz.

Kehren wir kurz zu dem «Kondensationsübergang» zurück, den das Higgs-Feld erleidet. Es gibt da durchaus Parallelen zu dem Spinbild, das wir am Anfang dieses Kapitels so ausführlich untersucht haben. Bei hohen Temperaturen ist der Grundzustand des Systems so beschaffen, dass der mittlere Spinwert null ist, mit nur geringen Fluktuationen. Man hat *einen* eindeutigen Grundzustand, die Magnetisierung verschwindet, $m = 0$. Mit Sinken der Temperatur kommt man zum Curie-Punkt, und von da an hat das System eine Wahl: Es gibt zwei *entartete* Grundzustände, $m = +$ oder $m = -$, von denen es einen auswählen muss. Wenn wir die Gesamtenergie des Systems als Funktion der Magnetisierung auftragen, entsteht das gleich folgende Bild. Für das Higgs-Feld sieht das ganz ähnlich aus. Während das dem Feld entsprechende Higgs-Boson im symmetrischen Zustand masselos ist *(m* = 0*)*, wird nach spontaner Symmetriebrechung die Gesamtenergie geringer, da ein Teil in die jetzt endliche Masse (*m* = ±) verwandelt wird. Diese Massenenergien bilden bei drei Higgs-Komponenten die Massen der schwachen Eichbosonen, aus der vierten entsteht das Higgs-Boson.

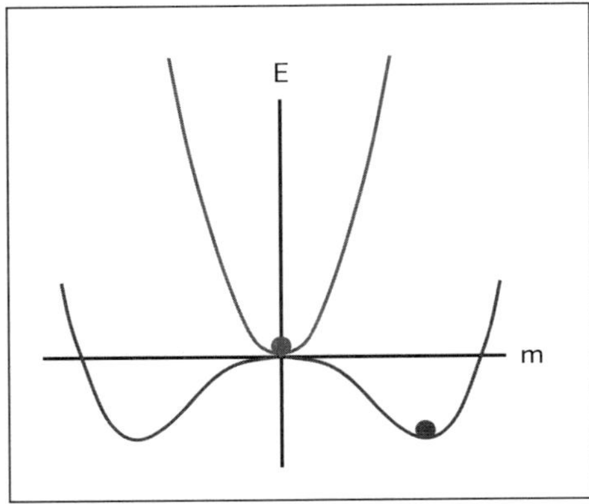

Die Energie des Systems bei hoher Temperatur und eindeutigem Grundzustand, verglichen mit der bei niedriger Temperatur und zwei entarteten Grundzuständen

Der kritische Test für die Theorie ist, wie schon erwähnt, der experimentelle Nachweis des Higgs-Bosons. Wie kann man sicher sein, dass ein solches Feld tatsächlich existiert, dass nicht irgendeine andere Form der Wechselwirkung unter Quarks und Leptonen zum Entstehen der schweren Eichbosonen und der anderen inhärenten Massen geführt hat? Braucht man wirklich ein *zusätzliches* Feld?

Vielleicht hilft ein Bild: Man stelle sich eine lange Reihe von Gästen bei einem königlichen Empfang vor. Der König trifft ein und schreitet die Reihe ab, wobei sich die ihm jeweils Nächsten verbeugen. Es entsteht eine Welle gebeugter Rücken, die den voranschreitenden König begleitet. Diese Welle entspricht der Störung des Flüssigkeitsfeldes beim Passieren eines Schwammes. Wie können wir uns überzeugen, dass das Feld tatsächlich existiert und nicht nur einen Effekt von König oder Schwamm vortäuscht? Dazu entfernen wir den äußeren Grund der Störung und stören stattdessen das Feld direkt. Bei Fußballspielen nennt man das heute *la ola* – «die Welle». Die Zuschauer erzeugen eine wellenartige Bewegung durch Aufstehen oder Armheben, «als ob der König vorbeikommt» – tatsächlich aber einfach dadurch, dass irgendjemand an irgendeinem Punkt beginnt, ohne dass es dazu eines Königs als Auslöser bedarf. Auch hier wird wieder eine Symmetrie spontan gebrochen: Wenn der Erste aufsteht, ist noch nicht klar, ob die Welle im Uhrzeigersinn oder entgegengesetzt um das Stadium kreist. Erst der zweite Teilnehmer bricht die Symmetrie. Wie dem auch sei, fest steht, dass die Existenz des Higgs-Feldes sich am besten nachweisen lässt, indem man dieses Feld selbst stört und die Störung misst. Und diese Störung ist genau das Higgs-Boson, nach dem in den letzten Jahren am CERN in Genf und am Fermilab bei Chicago so intensiv gesucht wurde.

Wir hatten schon angedeutet, dass die Masse des Higgs-Bosons derjenigen der schwachen Eichbosonen ähnelt, also um die 100 GeV betragen sollte. Daher sind für seine Erzeugung extrem hochenergetische Kollisionen erforderlich, und selbst dann erwartet man nur sehr selten eine Higgs-Produktion. Zudem sollte die Lebensdauer des Higgs-Bosons äußerst kurz sein – es wird sofort wieder in weniger schwere Konstituenten zerfallen. Daraus folgt, dass man sehr hohe Energien, sehr viele Kollisionen, sehr genaue Detektoren und unvorstellbar komplizierte Analyseverfahren einsetzen muss. Und das notwendige Quäntchen Glück darf wohl auch nicht fehlen. Es scheint zumindest, dass die beiden großen Higgs-Suchgruppen am *Large Hadron Collider* des CERN, jede mit Tausenden von Physikern, dieses Glück auf ihrer Seite hatten, als sie im Juli 2012 «ein neues Teilchen von Masse 125 GeV» beobachteten. Weitere Tests sind für eine eindeutige Identifizierung erforderlich.

Bei aller Euphorie muss man aber festhalten, dass auch hinter diesem Horizont auf jeden Fall noch weitere liegen. Vor Einführung eines Higgs-Mechanismus litt das Standardmodell unter dem Auftreten von sechs unerklärten inhärenten Quarkmassen, drei entsprechenden Leptonmassen und drei nicht begründeten Eichbosonmassen. Über den erwähnten Polarisierungseffekt gibt der Higgs-Mechanismus an, wie solche Massen entstehen können. Aber warum dieser Effekt bei den verschiedenen Quarks auf verschiedene Massen führt, beim *u*-Quark auf eine, beim *s*-Quark auf eine andere, und so fort – das ist nicht geklärt, und die entsprechende Frage stellt sich natürlich auch für die Elektronen. Die heutige Formulierung, dass dieser Umstand auf einer verschieden starken Kopplung zwischen dem Higgs-Feld und den verschiedenen Fermionen beruht, ist keine Lösung, sondern lediglich eine andere Form derselben Frage.

Da war die Tür, zu der ich keinen Schlüssel fand,
und dann der Schleier, durch den man nicht sehen konnte.

Omar Khayyam (1048–1131), *Rubaiyat*

8. Der letzte Schleier

Die für uns erreichbare Welt ist endlich, vieles im Raum und in der Zeit bleibt auf ewig außerhalb unserer Reichweite. Aber wie wir gesehen haben, geben sich die Menschen damit nur ungern zufrieden und suchen nach Wegen, einen Blick hinter den jeweils letzten Schleier zu werfen. In diesem letzten Kapitel möchte ich zunächst die vorgefundenen Grenzen (Horizonte) im Großen wie im Kleinen zusammenfassen. Danach wollen wir nach Möglichkeiten suchen, hinter die heutigen Horizonte vorzudringen. Solche Möglichkeiten sind zumindest vorstellbar, wenn man davon ausgeht, was die heutige Physik erlauben würde, selbst wenn es noch nie beobachtet wurde.

Das Universum ist nicht ewig, es war nicht schon immer da. Der Urknall machte den Anfang, so die moderne Kosmologie, das Universum ist etwa 14 Milliarden Jahre alt. Die meisten Religionen gehen von einer Schaffung der Welt aus, die irgendwann stattfand, und sie taten das, lange bevor der Urknall in der Wissenschaft eine Rolle zu spielen begann. Menschliches Denken scheint in dieser Hinsicht durchaus im Einklang mit der Natur zu sein. Der Urknall war der Anfang nicht nur von aller Materie, sondern auch von Raum und Zeit. Unser zeitlicher kosmischer Horizont ist somit endgültig – wir können nicht erforschen, was davor war. Mit den Worten von Stephen Hawking wäre das, als ob man fragt, was nördlich des Nordpols liegt.

Und wir können auch nicht erforschen, wo der Urknall passiert ist. Es war sicher nicht eine Explosion im leeren Raum – es gab überhaupt keinen Raum. Nachdem der Raum aber erschienen war, war er angefüllt von einer Form von Urmaterie von unvorstellbarer Dichte, einer Dichte, die im Augenblick des Urknalls unendlich war.

Wenn etwas unendlich wird, sprechen Mathematiker von einer *Singularität.* Ihr Bild dafür ist, dass man eine Zahl, etwa eins, durch immer kleinere Zahlen teilt. Das Ergebnis wird dann immer größer, und bei null erhält man Unendlich. Unendlich ist nicht wirklich eine Zahl, sondern die Vorstellung einer Zahl in einem Grenzfall. Auf diese Weise war der Urknall eine Singularität in der Zeit. Wir gehen zurück auf eine Millionstel Sekunde nach dem Urknall und dann auf ein halbes Millionstel und so weiter. Jedes Mal verdoppelt sich die Dichte des Universums, und wenn das Alter gegen null geht, wird die Dichte unendlich, *divergiert.* Diese Singularität bildet eine undurchdringliche Grenze in der Vergangenheit. Und was ist mit der Zukunft?

Wie wir gesehen haben, wird die Zukunft bestimmt durch die heutige Dichte. Ist diese genügend groß, dann kann die Schwerkraft die verbliebenen Ausdehnungskräfte des Urknalls abbremsen und damit auf lange Sicht gewinnen. Das Universum wird dann irgendwann anfangen, sich wieder zusammenzuziehen, das Urknall-Schauspiel wird mit einem umgekehrten Urknall enden, alles wird wieder in eine Singularität zusammenfallen. Ein derartiges Universum erscheint uns in seiner Existenz fast wie eine Fluktuation; es entsteht, verschwindet wieder, könnte aber erneut erscheinen. Der britische Philosoph und Mathematiker Bertrand Russell, einer der Begründer der mathematischen Logik, lässt Gott deshalb zum Schluss leise sagen: «Doch, es war ein schönes Schauspiel, ich werde es wieder aufführen lassen.» Unsere heutigen Messergebnisse deuten im Gegenteil aber darauf hin, dass die Ausdehnung nicht aufhört, dass sie sogar stärker wird. Dann muss die Welt immer kälter werden, die Sterne werden ihren Brennstoff verbrauchen und verlöschen. Das Ende sind Kälte und Dunkelheit, die endgültige Eiszeit.

Es gibt keinen Grund anzunehmen, dass das Universum räumlich begrenzt ist. Wie schon Peter Higgs meinte, erscheint es durchaus vernünftig, dass alles immer genau so weitergeht, wie es «hier» ist, auch wenn wir «dort» nicht hinreisen können. Die Kosmologen sprechen vom *Kopernikanischen Prinzip:* Wir sind in keiner Weise besonders, und es gibt keinen Grund anzunehmen, dass die Welt dort anders ist, wo wir nicht sind. Im Mittel scheint das in Raumrichtung schon zu stimmen. In Zeitrichtung, vom Urknall bis heute, war es sicher nicht der Fall, die Welt hat sehr verschiedene Stadien durchlaufen und war früher sicher nicht so, wie sie heute ist. Dennoch gab es Kosmologen, die sich das Universum im Zustand eines ständigen Auf und Ab vorstellten; laut ihnen durchläuft es eine unendliche Anzahl von Zuständen, die alle dem heutigen sehr ähnlich sind. Der britische Theoretiker Fred Hoyle war der vielleicht bekannteste Vertreter dieser Richtung. Nach der Messung der kosmischen Hintergrundstrahlung scheint eine derartige «Reinkarnationskosmologie» allerdings kaum mehr haltbar zu sein.

Nach der Ur-Singularität hat das expandierende und dabei abkühlende Universum viele Formen erzeugt, den leeren Raum, Atome, Sterne, Galaxien, die Erde, Pflanzen, Tiere und den Menschen. Diese Evolution war nicht immer graduell, es gab recht klar definierte

Übergänge.

Als Beispiel für eine «sprunghafte» Entwicklung schauen wir uns an, wie man aus einem elektromagnetischen Plasma Eis erzeugen kann. Wir beginnen mit einem heißen Gas von positiv geladenen Kernen und negativen Elektronen. Damit zum Schluss auch Eis dabei herauskommt, nehmen wir Wasserstoff- und Sauerstoffkerne, im Verhältnis zwei zu eins. Bei sehr hohen Temperaturen verhindert die kinetische Energie der Bestandteile die Bindung zu Atomen – genau aus diesem Grund ist das System ja ein *Plasma*. Wenn wir die Temperatur jedoch absenken (wir nehmen dabei an, dass die gesamte Evolution bei konstantem Druck stattfindet), kommen wir irgendwann zu dem Punkt, an dem doch Atome entstehen, an dem unser System zu einem atomaren *Gas* wird – eines, dessen Bestandteile Wasserstoff- und Sauerstoffatome sind. Eine weitere Abkühlung ermöglicht es diesen, sich zu H_2O-Molekülen zu verbinden – in anderen Worten, wir haben jetzt Wasserdampf, bestehend aus ungebundenen Wassermolekülen. Sobald die Temperatur 100 °C erreicht, beginnen diese sich zu verbinden, wir erhalten Wasser; und ab 0 °C wird daraus dann kristallines Eis.

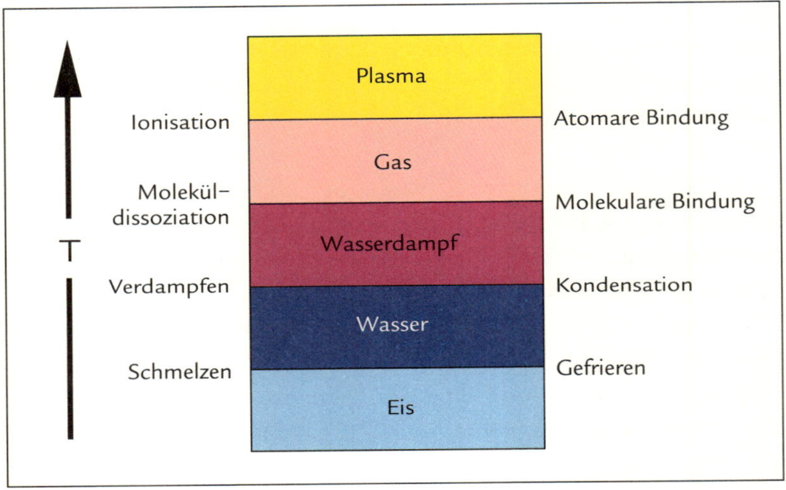

Der Übergang von Wasser zu Eis ist, wie wir im letzten Kapitel gesehen haben, ein bekanntes Beispiel von spontaner Symmetriebrechung: Die Kristallstruktur von Eis bricht die Drehinvarianz im Wasser. Das Verdampfen von Flüssigkeiten führt zu einem abrupten Abfall der Dichte. Solche Änderungen ähneln ihrer Struktur nach einer spontanen Symmetriebrechung. Die nächsten beiden Übergänge sind nicht ganz so abrupt. Aber wenn wir an den Behälter eine elektrische Spannung anlegen, finden wir ein spontanes Einsetzen von elektrischer Leitfähigkeit, sobald ein Plasma entstanden ist.

Dieses Beispiel zeigt uns, dass die bei hohen Temperaturen vorliegende Symmetrie, bedingt durch vollständige Unordnung, mit abnehmender Temperatur stufenweise verloren geht, spontan gebrochen wird. Der Energiegewinn durch größere Ordnung wird immer wichtiger und kann immer weniger durch thermische Energie kompensiert werden.

Und noch etwas sollten wir beachten: Wenn wir die Abkühlung, oder umgekehrt die Erhitzung, des Mediums so durchführen, dass das System immer im Gleichgewicht bleibt, dann kann sich keine Zustandsform an die vorige «erinnern». Keine Messung kann je feststellen, ob das Wasser, das ich untersuche, vor einer Stunde Eis oder Wasserdampf war. Man kann nicht durch den Schleier blicken, der die verschiedenen Zustandsformen voneinander trennt.

Die Vorstellung der heutigen Kosmologie ist nun, dass die Evolution des Universums ganz ähnlich abgelaufen ist wie die Abkühlung des Wasserstoff-Sauerstoff-Plasmas in unserem Beispiel. Am Anfang war maximale Unordnung, primordiale Gleichheit, keine Form. Schritt um Schritt entstanden daraus spontan, emergent, verschiedenartige Kombinationen und Wechselwirkungen, bis hin zu der Vielfalt unserer heutigen Welt. Wie sich zwei Tiere, die in der Sonne frei umherlaufen, bei Kälte aneinanderdrängen, um sich zu wärmen, so verbinden sich zwei Atome zu einem Molekül, um bei sinkender Temperatur einen energetisch günstigeren Zustand zu erreichen.

Am Anfang war alles gleich,

es gab nur eine Form von Wechselwirkung, eine Art von Konstituenten. Diese Periode, in der selbst die Schwerkraft mit allen anderen Kräften zu einer Kraftform vereinigt war, die *Planck-Epoche*, dauerte bis zu einer Zeit, die sich aus den entsprechenden Naturkonstanten berechnet: $t_{Planck} = \hbar G/c^5 \simeq 10^{-43}$ Sekunden. Diese Zeiteinheit und die entsprechende Längenskala definieren den Gültigkeitsbereich der allgemeinen Relativitätstheorie. Für kürzere Zeiten oder kürzere Abstände müssen Quanteneffekte ins Spiel kommen und entsprechend Berücksichtigung finden. Trotz intensiver Suche ist eine Quantenversion der Schwerkraft aber bis heute noch nicht gefunden worden. Die Planck-Epoche verbleibt hinter dem Schleier. Nach Ablauf der 10^{-43} Sekunden war das Universum auf eine Temperatur von 10^{-32} °K abgekühlt, und die Gravitation als alles immer anziehende Kraft unendlicher Reichweite trennte sich von der verbleibenden, teils anziehenden, teils abstoßenden Kraft zwischen den entstehenden einzelnen Bestandteilen. Wie das im Einzelnen abgelaufen ist – der Mechanismus, die spontane Symmetriebrechung sind uns unbekannt.

Von nun an gab es eine «Mengenkraft», die Gravitation, und eine «Einzelkraft», den Vorläufer von Kernkraft wie auch von elektroschwacher Kraft. In dieser frühen Phase muss die Inflation stattgefunden haben; durch den spontanen Übergang von einem höheren zu einem niedrigeren Grundzustand wurden unendliche Energiemengen frei, die zu einer dramatischen Ausdehnung des Universums führten. Auch hier gibt es bis heute bestenfalls die Andeutung schemenhafter Strukturen hinter dem Schleier. Am Ende dieser Epoche zerbricht auch die bis dahin einheitliche Einzelkraft: Von nun an gibt es Fermionen und Bosonen, gibt es die starke und die elektroschwache Wechselwirkung, gibt es Quarks einerseits, Leptonen andrerseits. Aber alle, wie auch die diese Wechselwirkungen vermittelnden Eichbosonen und das nun vorhandene Higgs-Boson, sind bis jetzt noch masselos. Das Universum ist inzwischen mehr als 10^{-35} Sekunden alt, seine Temperatur auf unter 10^{27} °K gesunken.

Der Strukturbereich, den wir damit erreicht haben, ist das Ziel von vielen Erklärungsversuchen gewesen. Wie kann man Fermionen und Bosonen in einer einheitlichen Form unterbringen? Welcher Mechanismus kann dann durch spontane Symmetriebrechung auf diese zurückführen? Auch hier scheint bisher der Schleier noch recht undurchsichtig, zumindest für die meisten Physiker und Kosmologen. Dann aber, 10^{-12} Sekunden nach dem Urknall, bei etwa 10^{15} °K, betreten zum ersten Mal bekannte Darsteller die Bühne. Wir haben den Higgs-Übergang erreicht; die Leptonen und «ihre» Eichbosonen erhalten hier ihre inhärenten und experimentell nachgewiesenen Massen. Ebenso die Quarks; aber da noch kein physikalisches Vakuum existiert, kein leerer Raum, sind das keine messbaren Größen. Die Leptonen stört das nicht, da sie an der starken Wechselwirkung nicht teilnehmen und somit für sie der «falsche» farbige Grundzustand der Quarks keine Bedeutung hat.

Der letzte der «primordialen» Übergänge findet dann zurzeit bei 10^{-5} Sekunden und einer Temperatur von 10^{12} °K statt. Hier wird die chirale Symmetrie der starken Wechselwirkung spontan gebrochen, die Quarks erhalten neben ihrer winzigen inhärenten Masse jetzt die Inertialmasse der sie umgebenden Gluonwolke, und sie werden zu farbneutralen Hadronen gekoppelt, den Elementarteilchen unserer Welt. Damit wird viel Platz frei – der leere Raum, das physikalische Vakuum übernimmt jetzt fast das ganze Universum.

Zunächst aber enthält dieses Vakuum noch ein elektromagnetisches Plasma, das aus Protonen, Neutronen, Elektronen, Photonen und Neutrinos besteht. Im Vergleich zu den vorangegangenen Stadien hat es ein sehr langes Leben. Nach den berühmten ersten drei Minuten beginnen sich zwar Protonen und Neutronen zu Kernen zu verbinden, insbesondere entstehen jetzt die ersten Heliumkerne; aber diese sind weiterhin elektrisch geladen. Erst nach weiteren 300 000 Jahren – die Skalen ändern sich jetzt! – ist die Temperatur so weit gesunken, dass sich Kerne und Elektronen zu Atomen verbinden können, ohne von der kinetischen Energie der Kollisionen sofort wieder zerstört zu werden. Damit sind die Bestandteile des Universums nun elektrisch neutral und wechselwirken nicht mehr mit den verbliebenen Photonen. Letztere sind jetzt entkoppelt, völlig frei und füllen das Universum als kosmische Hintergrundstrahlung – damals von einer Temperatur von 3000 Grad Kelvin, entsprechend einer Wellenlänge im gelben Bereich. Wie bereits erwähnt, war der Himmel zu dieser Zeit nicht dunkel, sondern leuchtend gelb. Die folgenden Milliarden Jahre brachten die Ausdehnung des Raums, mithin das Absinken der Temperatur und so wiederum den dunklen Nachthimmel.

Nach dem Urknall selbst, als endgültiger Zeitbarriere, treffen wir hier demnach auf einen weiteren undurchdringlichen Schleier. Die zum Zeitpunkt der Entkopplung freigesetzten Photonen liefern die frühesten für uns sichtbaren Signale. Bis zu dem Zeitpunkt waren auch die Photonen ein Teil der wechselwirkenden Plasmaformen, und in diesen Wechselwirkungen haben sie alle Erinnerung an Vorangegangenes verloren. Wenn wir also wissen wollen, wie es vorher war, sind wir auf unsere Vorstellungskraft angewiesen, oder wir müssen versuchen, primordiale Materie im Labor zu erzeugen. Bei elektromagnetischen Plasmen gelingt dies ohne Probleme, und Aspekte

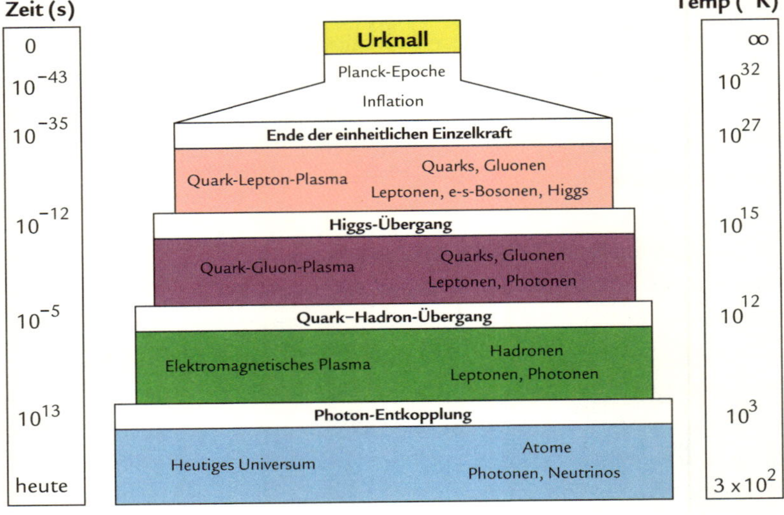

Die Entwicklung des frühen Universums

von hadronischer Materie kennen wir aus schweren Kernen. Die nächste Schwelle, den Hadron-Quark-Übergang, bei dem die Quarks voneinander entkoppelt und von ihrer Inertialmasse befreit, mithin die chirale Symmetrie der Quantenchromodynamik wiederhergestellt würde – diesen Übergang und das damit erzeugte Quark-Gluon-Plasma versucht man zurzeit in den hochenergetischen Kern-Kern-Kollisionen am CERN und in Brookhaven experimentell zu untersuchen. Es wird aber wohl die dichteste, heißeste Materie bleiben, die wir im Labor herstellen können. Von den davor liegenden Stadien können wir bestenfalls Einblicke in die Wechselwirkungsform gewinnen, wie jetzt mit den Higgs-Studien; entsprechende Materie ist kaum im Labor zu erzeugen. Und was jenseits des Higgs-Übergangs liegt, das Land «hinter dem Standardmodell», das bleibt, auch was die Kenntnis der Wechselwirkung angeht, weitgehend *Terra incognita*, verdeckt durch mehr als einen Schleier.

Die nächste Frage ist die nach den

Grenzen im Raum.

Wir können nie untersuchen, was heute außerhalb unseres Hubble-Radius von 14 Milliarden Lichtjahren geschieht. Unsere Hubble-Kugel bleibt auf ewig eine Blase in einem Bereich unbekannter Größe. In dieser Blase finden sich, wie in einem Schweizer Käse, schwarze Löcher, in die wir auch niemals eindringen können – jedenfalls nicht, wenn wir wieder in die Außenwelt zurückkehren wollen. Wir können unsere Welt so darstellen:

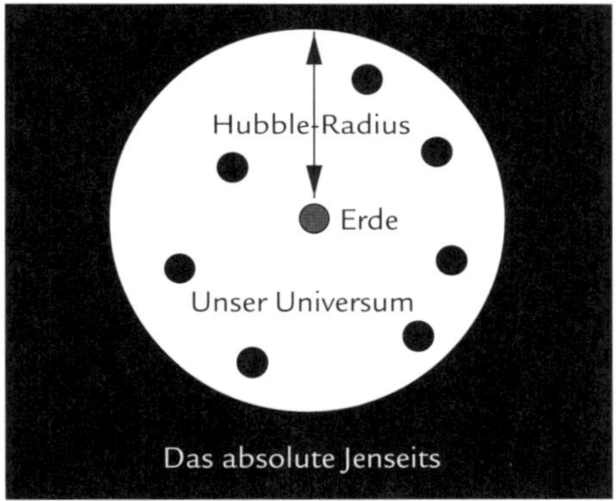

Demzufolge finden wir uns in der Mitte unseres Universums wieder – aber *unseres*, nicht *des* Universums. Die schwarzen Löcher zeigen ihr Vorhandensein nur durch Schwerkraft an, wenn wir von der mysteriösen Hawking-Strahlung absehen. Darauf kommen wir gleich noch einmal zurück, da diese Strahlung bis heute das Einzige ist, das Quantenphysik und Gravitation zusammenbringt.

Schwarze Löcher sind durch Schwerkraft erzeugte verbotene Räume. Einsteins Äquivalenzprinzip behauptet, dass im Rahmen der klassischen Physik solche Effekte nicht zu unterscheiden sind von denen, die durch entsprechende Beschleunigung hervorgerufen werden. Ein Raumfahrer in einer konstant beschleunigten Rakete sieht einen Rindler-Horizont als Gegenstück zum Schwarzschild-Horizont schwarzer Löcher: Was dahinter liegt, ist für ihn unerreichbar. Er kann dorthin Signale senden, wird aber nie eine Antwort erhalten. Und so wie die Hawking-Strahlung schwarzen Löchern einen (bis jetzt unsichtbaren) Quantenschein verleiht, so verwandelt der Rindler-Horizont das leere Vakuum für den Raumfahrer in ein leuchtendes Gas.

Sobald Quanteneffekte ins Spiel kommen, ändert sich die Natur der Dinge grundlegend. Der Fluss der Zeit, die Bewegung von Teilchen, ihre Energieniveaus – all das wird jetzt diskret, sprunghaft. Wir stoßen auf

das Ende der Bestimmbarkeit.

Wir können nicht mehr behaupten, dass sich an einem bestimmten Ort ein Teilchen befindet – wir können nur noch sagen, wie wahrscheinlich das ist. Das Verhalten der Natur wird stochastisch: Jetzt fängt Gott in der Tat an zu würfeln. Und in dieser Welt treffen wir auf den vielleicht spukhaftesten aller Horizonte, die Grenze zwischen dem Wirklichen und dem Möglichen. Der leere Raum, das «nichts» enthaltende physikalische Vakuum, wird ein See ungeborener Teilchen, die nur auf genügend Energie warten, um in der Wirklichkeit zu erscheinen. Der leere Raum wird wie ein dunkler See; wir sehen darin nichts, aber wenn wir unsere Angel auswerfen, holen wir versteckte Wesen aus der Tiefe an die Oberfläche. In diesem Sinne sind die großen Teilchenbeschleuniger nicht nur die oft erwähnten Mikroskope, die die Materie immer feiner auflösen können; sie sind auch Angeln, mit denen man Teilchen verschiedener Art und Größe aus dem See holen kann. Immer größere und seltenere: Der Fang des Tages scheint das Higgs-Boson zu sein. Aber auch die Rakete des beschleunigten Raumfahrers fischt in diesem See.

Doch auch die Möglichkeiten solcher Beschleuniger stoßen auf Grenzen. Selbst wenn wir wissen, dass der See Quarks enthält, können wir diese nicht herausholen. Jahrelang wurden Experimente durchgeführt, um die kleinsten beobachteten Bestandteile der Materie, die Nukleonen, in ihre letzten theoretisch vorgegebenen Konstituenten, die Quarks, aufzubrechen. Keinem Experiment gelang das, die kleinsten Einheiten aller Materie sind so stark aneinandergekoppelt, dass keine Kraft sie losbrechen kann, wie es der römische Philosoph Lukrez vor über zweitausend Jahren prophezeit hatte. Laut unserer heutigen Theorie der starken Wechselwirkung ist das eine fundamentale Eigenschaft der Quarkbindung. Es gibt nur eine Möglichkeit, ein Quark von seinem Partner zu entfernen: Man muss so dichte Materie erzeugen, dass das Quark von einer Vielzahl anderer umgeben ist. Hohe Energie allein schafft das nicht, es bedarf dazu hoher Dichten; deshalb untersucht man heute mit den großen Beschleunigern die Kollisionen der schwersten Kerne, veranstaltet zu dem Zweck, dass diese einen kurzen Augenblick lang ein dichtes Medium bilden können. Auf diese Weise erzeugt man im Labor den Zustand der Materie, der auf der anderen Seite des Quark-Hadron-Übergangs existierte, damals, als es noch keinen leeren Raum gab.

Wir hatten schon mehrmals festgestellt, dass jeder Horizont für die Menschen eine Herausforderung darstellt: Was liegt dahinter? Gibt es eine Möglichkeit, selbst hinter die von uns erwähnten letzten, undurchdringlichen Horizonte vorzudringen, oder bringt uns das in den Bereich der Utopie, der Sciencefiction? Können wir über den Hubble-Radius hinaus vordringen? Können wir zurückgehen in der Zeit und die Welt in früheren Stadien untersuchen? An dieser Frage scheiden sich die Geister. Aufgrund der bisherigen experimentellen Beobachtungen lautet die Antwort auf die eben gestellten Fragen: Nein! Aber wenn wir untersuchen, ob unsere heutigen Naturgesetze, in der vorliegenden Form, so etwas tatsächlich definitiv ausschließen, dann ist die Antwort nicht mehr so eindeutig. Und diese spekulativen Möglichkeiten haben in letzter Zeit einige Vorstellungen angeregt und dadurch Aufregungen provoziert.

Der kritische Schwachpunkt in unserem Weltbild ist die Verbindung der größten Skalen, in der Schwerkraft, mit der Physik der kleinsten, der Quantenwelt. Das vergangene Jahrhundert hat drei großartige Leistungen in der Physik hervorgebracht. Die spezielle Relativitätstheorie beruht auf der endlichen Lichtgeschwindigkeit, c, und gab uns die Äquivalenz von Masse und Energie. Die allgemeine Relativitätstheorie zeigte, wie Sternmassen den Raum krümmen und damit eine neue Geometrie erzeugen; dieser Aspekt lässt sich durch die universelle Gravitationskonstante G charakterisieren. Schließlich bestimmt die Quantentheorie, dass im Mikrokosmos die Energie nur in bestimmten festen Mengen auftritt, deren Größe durch die Planck-Konstante h gegeben ist. Die Quantenbeschreibung der Welt gilt, solange man die Rolle der Schwerkraft vernachlässigen kann. Andererseits betrachtet man innerhalb der allgemeinen Relativitätstheorie Vorgänge wie die Expansion des Raums oder die Ablenkung des Lichts in einer klassischen Welt, ohne Quanteneffekte. Die Quantengravitation, die Verknüpfung dieser Bereiche, ist bisher nur ein Name, eine Vorstellung auf der Suche nach einer Theorie. Das einzige, anscheinend zumindest theoretisch sichere Ergebnis, das alle drei der erwähnten Konstanten verbindet, ist die Temperatur der Hawking-Strahlung, $T = hc^2/8\pi kGM$, wobei M die Masse des schwarzen Lochs angibt. Die Boltzmann-Konstante k zeigt zudem, dass diese Strahlung thermisch ist, mithin keine Information übermitteln kann. Aber aus Gründen, die wir erwähnt haben, bleibt diese Strahlung noch auf endlose Zeiten unsichtbar, verdeckt durch die kosmische Hintergrundstrahlung.

Die Grundfrage bleibt jedoch bestehen: Was passiert, wenn die Dichte von Konstituenten kleiner wird als die Planck-Länge $r_{Planck} = (hG/c^3)^{1/2}$? Was passiert in Zeiten kürzer als die Planck-Zeit $t_{Planck} = r_{Planck}/c$? Dann brauchen wir so etwas wie Quantengravitation. Für eine Vorstellung des Universums vor der Inflation, in der Planck-Epoche, ist eine Verbindung von Mikro- und Makrowelt unabdingbar. Spekulationen darüber, wozu das führen könnte, haben aufsehenerregende Schatten hinter dem Schleier entstehen lassen, Schatten, die vielleicht, oder vielleicht auch nicht, irgendwann einmal Wirklichkeit werden. Die Bühne für eine Art dieser Schatten entsteht durch

neue Dimensionen.

Wir leben in einer Welt von drei Raumdimensionen und einer der Zeit; lassen wir die Zeit einen Augenblick beiseite. In unseren drei Raumdimensionen können wir uns eine einfachere, zweidimensionale Welt vorstellen, in der «flache» Wesen leben. Sie können nie aus ihrer flachen Welt hinaussehen, so wie wir auch nicht über unseren dreidimensionalen Tellerrand hinausblicken können. Aber die flachen Wesen können durchaus feststellen, ob ihre Welt gekrümmt ist, genau wie wir das bei unserer können, etwa bei den Tests der von der allgemeinen Relativitätstheorie vorhergesagten Lichtablenkung. Wenn die zweidimensionale Welt tatsächlich flach wäre, dürften sich zwei parallele Lichtstrahlen nie kreuzen. Würde dort aber irgendwo ein Schwerkraftzentrum den Raum deformieren, dann befände sich dort eine Einbuchtung, an deren tiefstem Punkt sich die Lichtstrahlen kreuzen. In dieser Einbuchtung würde planare Geometrie ganz allgemein nicht mehr funktionieren; die Winkel eines Dreiecks würden sich zu mehr als 180 Grad addieren, so wie sie das ja auch auf der Oberfläche einer Kugel tun. Die flachen Wesen in ihrer zweidimensionalen Welt könnten also sehr wohl eine Krümmung feststellen. Und um sich diese besser vor Augen zu führen, könnten sie sich vorstellen, dass ihre Welt in eine größere eingebettet ist, in einen dreidimensionalen Hyperraum. Die zusätzliche Dimension ist, aus ihrer Sicht, völlig fiktiv, in keiner Weise wirklich: Sie können nie in diese Dimension eindringen; auch Lichtstrahlen bleiben in den zwei Dimensionen ihrer Welt. Wenn sie aber die hypothetische dritte Dimension als eben annehmen, dann wird ihre 2-d-Welt eine gekrümmte Fläche im 3-d-Hyperraum.

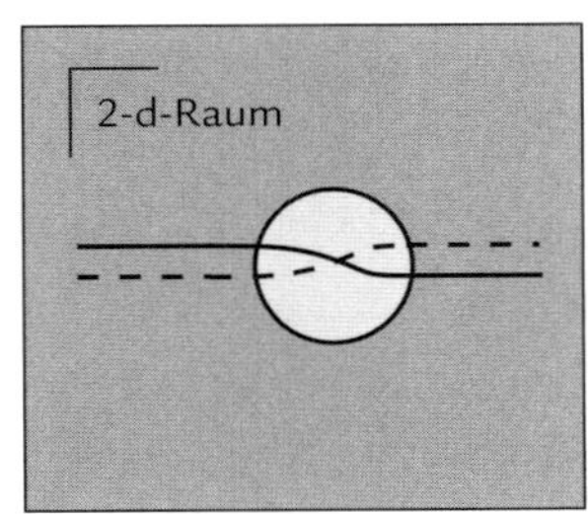

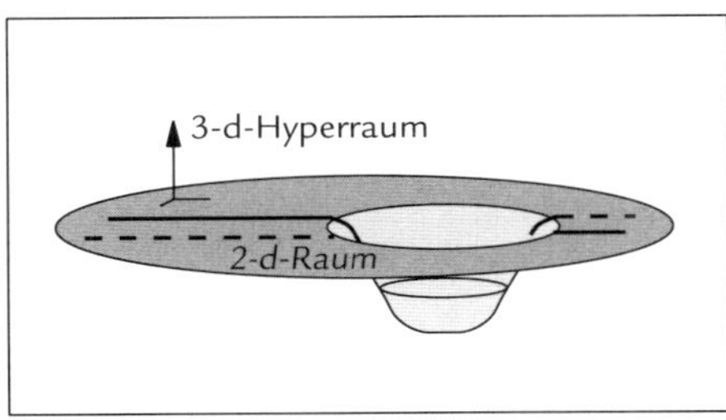

(a) *(b)*

Raumkrümmung für flache Wesen in einer zweidimensionalen Welt (a), und eingebettet in einen dreidimensionalen Hyperraum (b).

In Kapitel 3 hatten wir etwas Ähnliches benutzt, um den Effekt eines starken Magnetfeldes auf eine Metallmünze zu illustrieren. Das Einführen einer fiktiven zusätzlichen Dimension hilft eben oft, sich die Auswirkung von Kraftfeldern auf den Raum vorzustellen. Im folgenden Bild betrachten wir wieder einen Lichtstrahl in einer zweidimensionalen Welt. Auf dem Weg von Punkt A zu Punkt B bleibt er immer in seiner zweidimensionalen Fläche, auch wenn diese gekrümmt wird. Die von dem Licht benötigte Zeit ist mithin die Länge des gekrümmten Weges, geteilt durch die Lichtgeschwindigkeit. Sollte es jedoch auf irgendeine wundersame Weise möglich sein, einen Tunnel durch den Hyperraum zu konstruieren, dann wären Weglänge und somit Flugzeit entsprechend kürzer. Für die Bewohner der flachen Welt wäre das unglaublich. Für sie ist die Lichtgeschwindigkeit bestimmt durch ihren Wert auf der gekrümmten Oberfläche. Für sie muss daher der Eindruck entstehen, dass das Signal durch den Tunnel mit Überlichtgeschwindigkeit gesendet wurde. Und wenn beispielsweise Punkt A außerhalb des Hubble-Radius von Punkt B liegen würde, außerhalb zumindest im Sinne «normaler» Methoden, dann würde ein Hyperraumtunnel diesen Punkt in Reichweite bringen. Es gäbe also einen Weg, scheinbar endgültige räumliche Grenzen dennoch zu durchqueren.

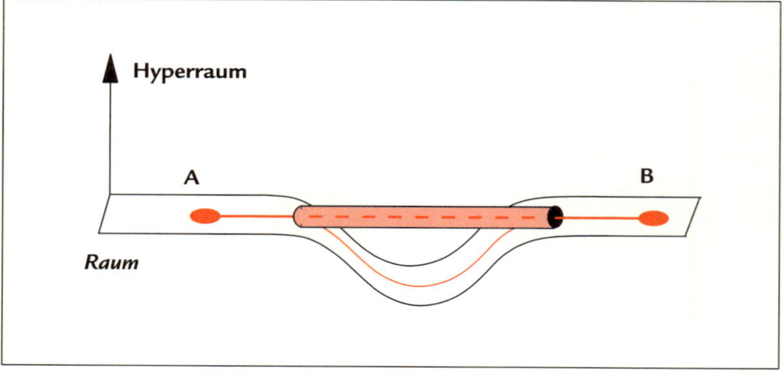

Ein Lichtstrahl (rote Linie) auf dem Weg von Punkt A nach Punkt B in einer zweidimensionalen Welt. Ein Tunnel durch eine dritte Hyperraumdimension würde eine Abkürzung bilden (gestrichelte rote Linie).

Dieses Schema gilt ganz allgemein: Wenn zwei Punkte unserer Welt, etwa die Erde und ein ferner Stern, hundert Lichtjahre auseinanderliegen in der wirklichen Welt, aber irgendwie nur einen Meter in einem Hyperraum, dann würde ein solcher Tunnel eine unmittelbare Verbindung zu dem Stern erlauben. Die Frage lautet demzufolge, ob Tunnel durch einen Hyperraum nur in utopischen Träumen oder auch innerhalb der Gesetze der Physik möglich sind. Und tatsächlich hat es in den vergangenen Jahren etliche Untersuchungen dazu gegeben. Die erste solche Möglichkeit war

Einsteins Brücke,

die bereits 1935 von Albert Einstein und Nathan Rosen vorgeschlagen wurde; sie besteht aus einem Tunnel zwischen zwei separaten Universen. Ein ähnlicher, poetischerer Tunnel dieser Art war seinerzeit schon bekannt, aus Lewis Carrols *Alice im Wunderland*. Dort taucht Alice durch ein Kaninchenloch aus ihrer wirklichen in eine fantastische Welt. Heute heißen solche Tunnel durch Hyperräume *Wurmlöcher*, und sie bilden in der Tat eine mögliche Lösung der allgemeinen Relativitätstheorie. Sie weisen jedoch Aspekte auf, die sie als nützliche Durchgangswege stark in Frage stellen. Sie verbinden nur für einen kurzen Moment, als Fluktuation, Bereiche, die in irgendeiner Weise singulär sind, und auch dabei haben sie einen verschwindend kleinen Durchmesser, sodass keine Alice es durch sie hindurch schaffen würde. Man hat sich daher gefragt, unter welchen Bedingungen sie größer und langlebiger, mehr als nur Quantenfluktuationen sein könnten.

Wir waren bereits auf ein fundamentales Rätsel gestoßen: Was hat den Urknall ausgelöst, warum dehnt sich das Universum aus? Insbesondere fragt man sich, welche Kräfte zu der extrem schnellen Ausdehnung bei der Inflation geführt haben und warum die Ausdehnungsrate heute noch zunimmt. Ein seit längerem in verschiedenen Formen diskutierter Vorschlag basiert auf *dunkler Energie*, die den gesamten Raum ausfüllt und eine sehr ungewöhnliche Eigenschaft hat. Normalerweise nimmt der Druck mit der Ausdehnung des Mediums ab; bei der dunklen Energie ist es genau umgekehrt: Je mehr sie sich ausdehnt, desto größer wird der durch sie erzeugte Druck. Sie ist in gewisser Weise das Gegenstück zum Scheinriesen *TurTur* in Michael Endes Geschichte von *Jim Knopf*: TurTur erscheint umso größer, je weiter man sich von ihm entfernt. Eine dunkle Energie dieser Art würde erklären, warum die Ausdehnung des Universums mit wachsender Größe schneller wird. Was könnte dieses mysteriöse Medium sein? Seine einzige Funktion ist die Ausdehnung des Universums, und es unterliegt keiner anderen Kraft, insbesondere nicht der Schwerkraft. Einsteins kosmologische Flüssigkeit sollte nur die Anziehung der Schwerkraft kompensieren, um ein statisches Universum zu erzeugen. Die dunkle Energie hingegen soll überkompensieren, soll trotz Schwerkraft eine ständig steigende Ausdehnungsrate hervorrufen.

Wie auch immer das geschehen mag, einige Kosmologen haben sich vorgestellt, dass das Innere eines Wurmlochs mit dunkler Energie angefüllt sein könnte. Unter dieser Voraussetzung könnte der negative Druck es weiter und auf längere Zeit geöffnet halten. Die gleiche Kraft, die zu der durch den Urknall ausgelösten Ausdehnung führt, würde dann Verbindungen mit Überlichtgeschwindigkeit zwischen fernen Raumgebieten erlauben und es uns ermöglichen, die letzten Grenzen unserer Welt doch noch zu durchbrechen.

Das bringt ein weiteres Problem mit sich, wahrlich mehr *fiction* als *science*. Wenn man solche Hyperraumtunnel herstellen kann, dann erlauben sie nicht nur Reisen mit Überlichtgeschwindigkeit, sondern auch Zeitreisen. Schon Überlichtgeschwindigkeit an sich gestattet so etwas, da eine absolute Vergangenheit und eine absolute Zukunft nur definierbar sind bei fester universeller Lichtgeschwindigkeit. Für einen mit Überlichtgeschwindigkeit reisenden Beobachter gibt es Ereignisse, bei denen Vergangenheit und Zukunft invertiert werden. Und das wiederum erzeugt gravierende logische Probleme. Wenn ich in der Zeit zurückreisen kann und meine Eltern vor meiner Geburt töte, wie kann ich dann meine Existenz verstehen? Somit sind Überlichtgeschwindigkeit im Allgemeinen und Wurmlöcher im Besonderen kaum unterzubringen in einer kausalen, chronologischen

Welt. Omar Khayyam, mit dessen Worten wir dieses Kapitel eingeleitet hatten, hat schon vor tausend Jahren Rückreisen in der Zeit ausgeschlossen:

Die Hand des Schicksals schreibt den Lauf der Dinge nieder
und fährt dann fort; nichts wird gestrichen wieder,
wie sehr du dich auch noch bemühst.

Ein Ziel einer zukünftigen Quantengravitation muss es demnach sein, diese Fragen zu klären und damit, in Stephen Hawkings Worten, «die Welt für Historiker sicher zu machen».

Eines ist dabei zu berücksichtigen: Die Lösungen der allgemeinen Relativitätstheorie sind nicht unbedingt auch Lösungen der Physik an sich. Wie schon öfter erwähnt, haben wir noch keine Quantengravitation. Doch wenn es sie einmal gibt, kann sie durchaus Einsteins Brücke und ähnliche Überlegungen zum Einsturz bringen. Die Quantenphysik könnte Singularitäten in Raum und Zeit ausschließen und damit auch so etwas wie Wurmlöcher. Die Schatten hinter dem Schleier, die wir heute sehen, könnten durchaus ein völlig verzerrtes Bild der Wirklichkeit sein.

Daneben gibt es noch andere, weniger spekulative Aspekte, die eine Antwort verlangen. Wir hatten gesehen, dass die Ausdehnung des Universums durch seine Dichte bestimmt ist. Die neuesten Messungen erfordern Werte, die gravierende Probleme erzeugen. Wir können die sichtbare Materie im Universum – Sterne, Galaxien, interstellare Gase und Ähnliches – recht gut bestimmen; doch das bringt nur etwa 4 % der notwendigen Dichte. Die durch die Schwerkraft bestimmte Galaxiestruktur erfordert in der Tat auch die Existenz von sehr viel unsichtbarer, *dunkler Materie*, deren Anwesenheit sich nur durch Gravitationseffekte zeigt. Im Gegensatz zu schwarzen Löchern kann diese Strahlung weder emittieren noch absorbieren. Die dunkle Materie bringt uns noch einmal 22 % der erforderlichen Gesamtmaterie. Womit immer noch drei Viertel fehlen, und die müssen wohl oder übel in der oben eingeführten dunklen Energie stecken, die den Urknall überhaupt erst ausgelöst hat. Man kann die dunkle Energie nicht sehen, sie unterliegt nicht der Schwerkraft – sie ist nur da, damit der Urknall stattfinden konnte und sich heute der Raum weiter ausdehnt.

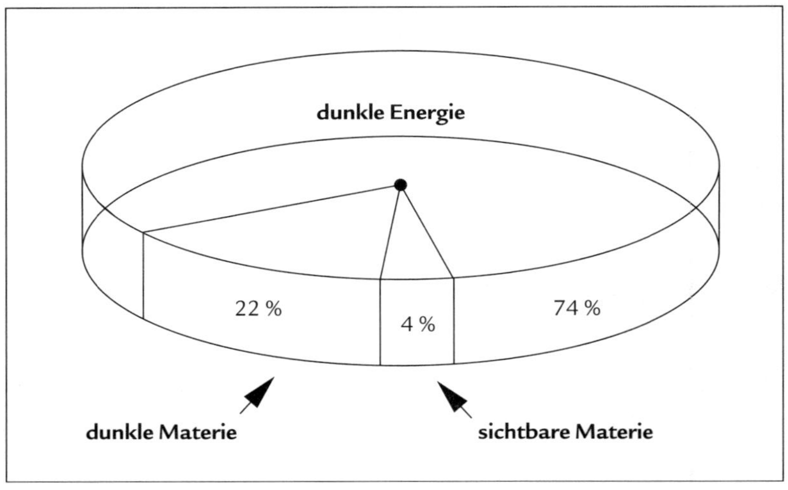

Wenn wir nach einer Weltformel, einer «final theory» oder einer «theory of everything» suchen, was meinen wir damit letztendlich? Wir hatten schon öfter festgestellt, dass wir, um «alles» zu verstehen, nicht nur die Verbindung zwischen Klein und Groß, sondern auch die zwischen Wenigen und Vielen herstellen müssen. Die Kenntnis des Heliumatoms erklärt nicht die Supraleitfähigkeit. Groß und Klein ist der Ausgangspunkt für den Reduktionismus, die Auflösung in feinste Bestandteile und die Untersuchung von deren Wechselwirkung. Der Übergang von Wenigen zu Vielen ist etwas fundamental Anderes. In den letzten Jahren hat sich ein neues Forschungsgebiet entwickelt, die Untersuchung von *emergentem Verhalten;* es geht davon aus, dass ein System vieler Komponenten auf ein Verhalten führen kann, das sich nicht aus der elementaren Zweikörperwechselwirkung ableiten lässt. Doch das funktioniert höchstens in einfachen Fällen.

Für viele Aspekte des emergenten kollektiven Verhaltens ist es hingegen unwichtig, wie die elementare Wechselwirkung zwischen den Konstituenten geartet ist. Ein solches Verhalten wächst über den Reduktionismus hinaus. Die Perkolationstheorie beschreibt die Entstehung von Galaxien, Magnetisierung, den Übergang von Kern- in Quarkmaterie; aber sie beschreibt auch die Ausbreitung von Waldbränden, das Verhalten von Vogelschwärmen oder die Verteilung unterirdischer Öllager. Die so beobachtete Universalität kollektiven Verhaltens bringt uns eine ganz neue Form von *grand unification*.

Einiges von dem, was heute noch hinter dem Schleier der letzten Horizonte liegt, kann in Zukunft klare Formen annehmen und Wirklichkeit werden. Aber trotz der bahnbrechenden Leistungen der Theorie in Physik, Astrophysik und Kosmologie muss der ultimative Test immer der Vergleich mit der beobachtbaren Natur bleiben. Die Untersuchung aller im Einklang mit den Gesetzen der Physik möglichen Welten ist eine großartige Herausforderung an den menschlichen Geist. Aber kein Naturgesetz verlangt, dass alles Mögliche auch existiert. Unsere letzten Horizonte bleiben immer die Grenzen des Erforschbaren im Meer des Vorstellbaren.

Die Sprache der Physik

Für die meisten Bereiche menschlicher Tätigkeit findet sich immer eine besonders geeignete Sprache. Vor über tausend Jahren meinte Karl der Große, Carolus Magnus, Kaiser des Heiligen Römischen Reiches Deutscher Nation: *Ich spreche Spanisch zu Gott, Italienisch zu den Damen, Französisch zu den Herren und Deutsch zu meinen Pferden.* Bis heute noch scheinen die Pferde mit Deutsch gut zurechtzukommen.

Man sagt, Mathematik sei die Sprache, die Gott benutzt, wenn er mit den Menschen reden möchte. Das mag sein, obwohl er sicherlich vielsprachig ist und sich auch durch Musik oder Dichtung verständlich machen kann. Trotzdem lässt sich schwer übersehen, dass er letztlich doch immer wieder auf die Mathematik zurückgreift. Wie sonst können wir verstehen, dass die Anordnung der Blüten auf allen Blumen nach einer Folge geschieht, die der italienische Mathematiker Leonardo da Pisa, besser bekannt als Fibonacci, aufgestellt hat, um das Anwachsen einer Kaninchenkolonie zu beschreiben: 0, 1, 1, 2, 3, 5, 8, 13, 21, 34,... Heute ist eine beliebte Frage bei Mathematikprüfungen, wie die Reihe weitergeht. Welches Gesetz bestimmt die Folge? Und für Fortgeschrittene: Was ist der Grenzwert der Folge zweier aufeinanderfolgender Fibonacci-Zahlen: 13/8, 21/13, 34/21,...? Und wie gesagt, dies sind nicht menschliche Schnapsideen – sie erscheinen in den Blütenanordnungen von Sonnenblumen, bis hin zu 144/89 oder 233/144.

Hier wollen wir hauptsächlich an einige mathematische Schreibweisen erinnern, die in unserem Bereich besonders nützlich sind. Mehrfache Produkte schreibt man als Potenzen, sodass aus $2 \times 2 \times 2$ dann 2^3 wird. Da im Kosmos sehr große und im Mikrokosmos sehr kleine Zahlen auftauchen, ergeben Potenzen von 10 eine günstige Form. Aus Tausend wird 10^3, aus einer Millionen 10^6, wobei die Zahl im Exponenten angibt, wie viele Nullen der Eins folgen: $10^3 = 1000$, und so weiter. Ganz ähnlich wird aus einem Tausendstel $0{,}001 = 10^{-2}$; der negative Exponent zählt, wie weit die Eins vom Dezimalpunkt entfernt ist. Wenn uns nur noch der Exponent interessiert («Der Rest ist *peanuts* ...»), dann wählen wir den Logarithmus: $\log 10^6 = 6$. Diese Form bezeichnet man als Logarithmus der Basis 10, da sie die Anzahl der Zehnerpotenzen zählt. Eine andere, vielleicht noch häufigere Form ist der sogenannte *natürliche* Logarithmus ln, dessen Basis die Euler-Zahl $e = 2{,}718 \ldots$ ist. So bedeutet $\ln x = 3$, dass $x = e^3$ ist. Die Euler-Zahl wiederum lässt sich ohne himmlische Mächte nur schwer verstehen. Sie wurde benannt nach dem Schweizer Mathematiker Leonhard Euler und kann beispielsweise folgendermaßen dargestellt werden:

$$e = 1 + \frac{1}{1 \times 2} + \frac{1}{1 \times 2 \times 3} + \frac{1}{1 \times 2 \times 3 \times 4} + \ldots = 2{,}71828$$

Neben der Kreiszahl π ist die Euler-Zahl vielleicht die wichtigste Zahl in der Mathematik, mit unzähligen Anwendungen in den verschiedensten Bereichen. Als Illustration: Wenn der Anstieg x einer Bevölkerung von der Anzahl der Menschen abhängt, dann hat er die Form

$$N(x) = Ne^x.$$

Das heißt im Klartext: Wenn ein Land zu einer gewissen Zeit N Einwohner hat und wenn die Bevölkerung im Jahr um ein Prozent steigt (Geburten minus Todesfälle), dann wächst sie wie

$$N(t) = Ne^{0{,}01\,t},$$

mit der Zeit t in Jahren. Daraus folgt, zum Beispiel, dass sie sich nach 70 Jahren verdoppelt, in 110 Jahren verdreifacht hat.

Im Alltagsgebrauch ist es nützlich, für Potenzen von zehn Namen zu haben, wie Hundert oder Tausend, aber mit System. So wird aus tausend Metern ein Kilometer, aus tausend Litern ein Kiloliter, aus tausend Volt ein Kilovolt. Die üblichen Abkürzungen hier sind

Kilo (k) – 10^3
Mega (M) – 10^6
Giga (G) – 10^9
Tera (T) – 10^{12}
Peta (P) – 10^{15}

und am anderen Ende der Skala

Centi (c) – 10^{-2}
Milli (m) – 10^{-3}
Micro (μ) – 10^{-6}
Nano (n) – 10^{-9}
Pico (p) – 10^{-12}
Femto (f) – 10^{-15}

Es geht aber noch weiter ...

In der Elementarteilchenphysik ist das übliche Maß der Energie, und nach Einstein auch der Masse, ein Elektronenvolt (eV). Das ist die kinetische Energie, die ein Elektron gewinnt, wenn es durch eine Spannung von einem Volt beschleunigt wird. Die Masse eines Elektrons ist etwa 0,5 eV, die eines Pions 140 MeV und die eines Nukleons 1 GeV.

Diese Werte muss man vergleichen mit den Kollisionsenergien der heutigen großen Beschleuniger. Der *Large Hadron Collider* am CERN in Genf liefert jetzt 7 TeV für Proton-Proton-Kollisionen, demnächst 14 TeV. Wenn solche Energien in der Kollision insgesamt in Sekundärteilchen verwandelt werden, entstehen Zehntausende neuer Teilchen. Und wenn man diese Beschleuniger für Kern-Kern-Kollisionen einsetzt, mit entsprechend mehr kollidierenden Nukleonen, dann erreicht man den PeV-Bereich, also noch sehr viel höhere Teilchenzahlen und -dichten. Deshalb hat man die Hoffnung, in solchen Kollisionen die primordiale Quarkmaterie des frühen Universums zu erzeugen.

Ich habe mich des Öfteren auf die vier fundamentalen Naturkonstanten berufen und möchte sie deshalb hier angeben. Die Boltzmann-Konstante verbindet Energie in der Mechanik mit Temperatur in der Thermodynamik,

$$k \simeq 8{,}6 \frac{eV}{Grad\,K},$$

wobei das näherungsweise Gleichzeichen $\simeq$ andeuten soll, dass die Genauigkeit auf die Anzahl der Dezimalstellen begrenzt ist ($a \simeq 1{,}3728$ wird zu $a \simeq 1{,}37$). Die universelle Lichtgeschwindigkeit im Vakuum ist

$$c \simeq 3{,}0 \times 10^{8} \frac{m}{sec}.$$

Newtons Gravitationskonstante ist

$$G \simeq 6{,}7 \times 10^{-11} \frac{m^3}{kg\,sec^2}.$$

Plancks Konstante hat den Wert

$$h \simeq 4{,}1 \times 10^{-15}\, eV\,sec,$$

die oft benutzte *reduzierte* Planck'sche Konstante ist durch $\hbar = h/2\pi$ definiert.

Abschließend kurz zurück zur Sprache der Physik, die eigentlich zweierlei bedeutet. Die Wissenschaftssprache – die Sprache, in der Physikarbeiten verfasst werden und in der auf internationalen (und auch nationalen) Konferenzen vorgetragen wird – ist weltweit Englisch. Eine auf Deutsch, Französisch oder Italienisch verfasste Physikarbeit würde heute kaum eine Zeitschrift finden, in der sie veröffentlicht werden würde; gewiss keine internationale. Das Englisch der Physik ist so etwas wie das Latein vergangener Zeiten – ein Medium zur Verbreitung wissenschaftlicher Ergebnisse. Es ist meist weder klassisches Englisch noch Amerikanisch. Der Versuch, Regeln dieser Physiksprache durchzusetzen, ist in den meisten Fällen gescheitert: «The main thing is communication.»

Andererseits hat ja jeder Physiker eine Muttersprache, und beim Entstehen seiner Vorstellungswelt spielt diese eine sehr wichtige

Rolle. Bildhaftes Denken ist in der Muttersprache meist sehr viel einfacher und natürlicher als in dem formelhafteren Rahmen der Wissenschaftssprache. Einstein sprach von «spukhafter Fernwirkung» – das ist in dieser Form nicht leicht zu übersetzen. Und der Begriff «Verschränkung», zunächst auf Deutsch erfunden zu einer Zeit, als Deutsch noch Wissenschaftssprache war, wird sehr viel anschaulicher im englischen Wort «entanglement».

So fällt auch in der Physik jeder der beiden Seiten, der Muttersprache wie der Wissenschaftssprache, eine wesentliche und unverzichtbare Rolle zu.

Anmerkungen und Ergänzungen

A1: Relativistische Bewegung

Wenn in einem Raumschiff, das sich mit einer hohen konstanten Geschwindigkeit v relativ zur Erde bewegt, die Lichtgeschwindigkeit c die gleiche ist wie in einem irdischen Labor, dann muss aus unserer Sicht das Längenmaß des Raumschiffs kürzer sein als unseres oder deren Uhr muss langsamer sein als unsere oder beides. In der Tat tritt beides auf. Ein festes Maß d_0, ein Standardmeter, hat den gleichen Wert für uns hier wie für die Passagiere des Raumschiffs. Aber von uns aus gemessen erscheint *deren* Standardmeter d_0 auf eine Länge d geschrumpft

$$d = d_0\sqrt{1-(v/c)^2}\,.$$

Und ein festes Zeitinterval t_0 der Raumschiffuhr erscheint, von der Erde aus gemessen, länger geworden zu sein, den Wert

$$t = \frac{t_o}{\sqrt{1-(v/c)^2}}\ .$$

zu haben. Offensichtlich wird der Effekt größer, je schneller sich das Raumschiff bewegt, sowohl in der Längenkontraktion wie in der Zeitdehnung.

$$F = \frac{m_o}{\sqrt{1-(v/c)^2}}\,a\ ,$$

Als Folge ändert sich auch das Newton'sche Kraftgesetz, das jetzt die Form annimmt, sodass die Ruhmasse m_0 eines Körpers bei Geschwindigkeit v den effektiven Wert

$$m = \frac{m_o}{\sqrt{1-(v/c)^2}}.$$

erhält. Wenn die Geschwindigkeit so niedrig ist, dass wir den Beitrag $(v/c)^2$ vernachlässigen können, erhalten wir wieder die konstante Ruhmasse m_0 und das übliche Newton'sche Gesetz $F = m_0 a$. Aber im Allgemeinen ist die

Inertialmasse eines Körpers, also sein Widerstand gegenüber einer Kraft, nicht die Ruhmasse, sondern diese und die Bewegungsenergie. Wenn die fragliche Kraft die Gravitation ist, kann man das nachmessen: Das Gewicht eines Kastens, der Strahlung enthält, ist größer als das eines leeren Kastens, obwohl die Photonen der Strahlung keine Ruhmasse haben.

A2: Die Ausdehnung des Raumes

Um die Darstellung zu vereinfachen, stellen wir uns eine zweidimensionale «flache» Welt vor und betrachten darin drei Sterne, von 1 bis 3 nummeriert. Zu einer beliebigen Ausgangszeit $t = 0$ befinden sie sich an den im Bild dargestellten Raumpositionen, mit einer Entfernung d_0 zwischen Stern 1 und 2 wie auch zwischen Stern 2 und 3.

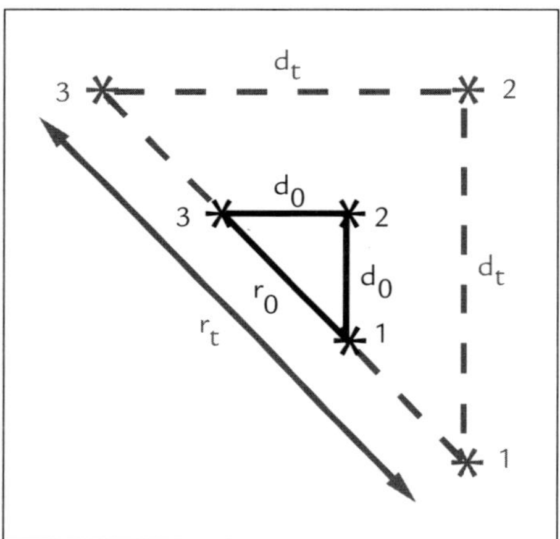

Nehmen wir nun an, dass sich der Raum mit der Zeit t um einen Faktor R_t ausdehnt, sodass irgendeine Entfernung s_0 bei $t = 0$ dann zu $s_t = R_t s_0$ wird. Die ursprüngliche Entfernung zwischen den Sternen 1 und 2, d_0, wird daher anwachsen auf $d_t = R_t d_0$, und die Geschwindigkeit, mit der sie sich entfernen, ist

$$v_t(12) = \frac{d_t - d_0}{t} = \frac{(R_t - 1)}{t} d_0 = H_t d_0,$$

wobei wir $H_t = (R_t - 1)/t$ als unsere Hubble-Konstante definiert haben. Aus dieser Gleichung schließen wir, dass die Trennungsgeschwindigkeit mit dem ursprünglichen Abstand d_0 ansteigt. Um das zu überprüfen, betrachten wir die Trennungsgeschwindigkeit der Sterne 1 und 3, die ja zunächst weiter auseinander waren, nämlich $r_0 = \sqrt{2}\, d_0$, wie sich aus der Dreiecksbeziehung $r^2{}_0 = d^2{}_0 + d^2{}_0$ ergibt. Wir erhalten somit

$$v_t(13) = \frac{r_t - r_0}{t} = \frac{(R_t - 1)}{t} r_0 = H_t r_0 = \sqrt{2} H_t d_0 \simeq 1{,}4 H_t d_0$$

für die Geschwindigkeit, mit der sich die Sterne 1 und 3 trennen: Sie ist um 1,4 größer als die für die näheren Sterne 1 und 2. Bis jetzt haben wir nichts dazu gesagt, wie sich der Raum ausdehnt. Wenn das mit einer konstanten Rate geschieht, $R_t = H_0 t + 1$, dann erhalten wir die zeitunabhängige Form

$$v = H_0 d$$

des Hubble'schen Gesetzes, wobei H_0 die Hubble-Konstante ist. Aus dem Bild ist unmittelbar ersichtlich, dass in der vorgebenen Zeit sich die Sterne 1 und 3 weiter voneinander entfernt haben als 1 und 2 und dass die entsprechende Trennungsgeschwindigkeit daher größer sein muss. – Die gleiche Form gilt dann auch in drei Raumdimensionen.

Hier können wir noch etwas näher erläutern, was unter einer beschleunigten Expansion zu verstehen ist. Bei der oben angegebenen zeitunabhängigen Hubble-Konstante H_0 dehnt sich ein Standardmeter in einer Minute jetzt um den gleichen Betrag wie im nächsten Jahr. Bei einer beschleunigten Expansion dehnt er sich pro Minute im nächsten Jahr mehr als jetzt bzw. weniger bei einer gebremsten Expansion.

A3: Das Alter des Universums

Betrachten wir einen Stern im Abstand d von der Erde, der sich mit einer Rezessionsgeschwindigkeit v weiter von uns entfernt. Bei konstanter Raumausdehnung haben wir $v = d/t_0$, wobei t_0 die Zeit seit dem Urknall ist; dabei nehmen wir an, dass sowohl der Stern als auch die Erde nur wenig später entstanden sind und beim Urknall «zusammen» waren. Mit Hilfe des Hubble'schen Gesetzes erhalten wir dann

$$v = d/t_0 = H_0 d,$$

sodass $t_0 = 1/H_0$ das Alter des Universums angibt.

A4: Welche Entfernung hat Licht seit dem Urknall zurückgelegt?

Bei einem statischen Universum legt Licht zwischen einer Anfangszeit t_i und einer Endzeit t_f die Strecke $d = c(t_f - t_i)$ zurück. In dieser Zeit aber dehnt sich das Universum um einen Faktor $(t_f/t_i)^{2/3}$; diesen Wert erhält man im Falle einer konstanten (d. h. zeitunabhängigen) Ausdehnungsbeschleunigung. Diese Raumausdehnung macht die Flugzeit entsprechend länger, sodass man für die in dieser Zeit zurückgelegte Entfernung

$$d = c \int_{t_i}^{t_f} dt \, (t_f/t)^{2/3} = 3\, c\, t_f$$

erhält, wenn wir $t_i = 0$ für die Zeit des Urknalls setzen. Wenn das Licht uns erreicht, hat es also eine dreimal größere Strecke hinter sich als in einem stationären Universum: ein ct_f für die lokale Reise, zwei ct_f dank der Raumausdehnung.

A5: Die Fluchtgeschwindigkeit

Auf der Oberfläche eines Planeten von Masse M und Radius R wird ein Körper von Masse m durch die Schwerkraft

$$F = G \frac{M\, m}{R^2},$$

angezogen, wobei G die universelle Gravitationskonstante ist. Daraus folgt, dass m eine negative Potentialenergie

$$V = -G \frac{M\, m}{R}.$$

hat. Um dem Planeten zu entkommen, muss m hochgeschossen werden mit einer kinetischen Energie

$$T = \frac{1}{2} m\, v^2,$$

die ausreicht, um die potentielle der Gravitation zu kompensieren. Aus der entsprechenden Forderung

$$\frac{1}{2} m\, v^2 = G \frac{M\, m}{R}.$$

erhält man die dafür benötigte Fluchtgeschwindigkeit

$$v_{escape} = \sqrt{\frac{2\, G\, M}{R}}.$$

Wenn man diese Argumentation unerlaubterweise auf Licht anwendet – unerlaubt, weil Licht weder die Masse m hat noch eine kinetische Energie wie die hier benutzte –, dann findet man, dass Masse und Radius des Planeten die Bedingung

$$\frac{2\,G\,M}{R} > c^2$$

erfüllen müssen, um das Entkommen des Lichts zu verhindern. Wie gesagt, die Herleitung ist falsch, aber trotzdem ist

$$R_0 = \frac{2\,G\,M}{c^2}$$

der korrekte Schwarzschild-Radius eines schwarzen Lochs.

A6: Masse und Gewicht

Die Inertialmasse m_i beschreibt den Widerstand, den ein Körper einer Kraft F entgegensetzt, wenn sie ihn in Bewegung bringen will,

$$F = m_i\, a.$$

Die Gravitationsmasse m_w des Körpers ist sein Gewicht, erzeugt durch die Schwerkraft an der Erdoberfläche,

$$F = G\,\frac{m_w M}{R^2}\,,$$

wobei M und R Masse und Radius der Erde bezeichnen. Daraus folgt

$$a = \frac{d^2r}{dt^2} = \frac{GM}{R^2}\left(\frac{m_w}{m_i}\right),$$

für die Beschleunigung im Kraftfeld der Erde, und somit gibt

$$r = \frac{GM}{2R^2}\left(\frac{m_w}{m_i}\right) t^2.$$

die Entfernung an, die ein Körper in der Zeit t fällt. Wenn Körper von verschiedenem Gewicht in vorgegebener Zeit die gleiche Entfernung fallen, ist m_w/m_i für alle konstant, und man kann (etwa auf der Erde) $m_w = m_i$ setzen, also Masse gleich Gewicht.

A7: Entropie, Temperatur und Druck

Wir betrachten ein *ideales* Gas in einem Kasten von Volumen V; ideal heißt, dass wir die Wechselwirkung zwischen den Gaspartikeln vernachlässigen können. Die Gesamtenergie aller Partikel sei E; sie besteht also aus der kinetischen Energie aller einzelnen Bestandteile. Mit $\Sigma(E,V)$ bezeichnen wir die (immense) Summe aller möglichen Zustände dieses Systems, also alle möglichen Positionen und Geschwindigkeiten aller Teilchen; wir bleiben in der klassischen Mechanik, berücksichtigen keine Quanteneffekte. Die *Entropie* dieses Systems ist dann

$$S(E,V) = k \ln \Sigma(E,V),$$

wobei k die Boltzmann-Konstante ist. Sowohl E wie auch V hängen von der Größe des Systems ab; in der Thermodynamik aber möchten wir die Eigenschaften von Vielteilchensystemen allgemein beschreiben, ohne Rücksicht auf deren Größe. Energie E und Volumen V werden daher ersetzt durch Temperatur T und Druck P, und zwar auf folgende Weise: Wir ändern die Energie geringfügig, bei konstantem Volumen, und fragen, wie sich $S(E,V)$ ändert; diese Änderungsrate ergibt die Temperatur. Dann ändern wir das Volumen ein wenig, bei konstanter Energie: Das ergibt den Druck. Im Übergang von der Dynamik zur Thermodynamik ersetzt man also die aus Einzelteilen zusammengesetzten Größen E und V durch Mittelwerte über das System: T beschreibt die mittlere Energie eines Teilchens, der Druck die mittlere Aufprallenergie pro Fläche.

Die Definitionen der erwähnten Größen gelten ganz allgemein. Für unser ideales Gas aber kann man alles auch explizit ausrechnen, und das führt auf

$$S(T,V) = d\,\frac{\pi^2}{90}\,V T^3,$$

wobei d angibt, wie viele Teilchensorten das Gas enthält; also haben wir $d = 1$, wenn nur eine Sorte vorkommt. Der konstante Faktor $4\pi^2/90$ ergibt sich aus der Abzählung der möglichen Zustände in Ort und Geschwindigkeit. In dieser Beziehung ist noch das Volumen enthalten; aber wir bekommen schließlich daraus

$$P(T) = \frac{T}{V} S(T,V) = d \frac{\pi^2}{90} T^4$$

für den Druck. Beide Größen hängen nun nur noch von der Temperatur und nicht mehr vom Volumen ab.

Die Entropie ist die fundamentale Größe der Thermodynamik; da Systeme sich höchstens in Richtung einer größeren Anzahl von Einzelkonfigurationen ändern, kann sie nur konstant bleiben oder zunehmen. Da der Druck diese Änderungsrate bei Volumenänderungen bescheibt, folgt, dass ein System immer in den Zustand übergeht, das den höchsten Druck hat – vorausgesetzt, die Energie wird konstant gehalten.

A8: Der Hadron-Quark-Phasenübergang

Wir wollen hier das eben erwähnte Druckverhalten benutzen, um den Übergang von hadronischer Materie in Quarkmaterie zu illustrieren. Als typischen Fall für das Erstere nehmen wir ein ideales Gas von Pionen; davon gibt es drei Arten (±, 0), sodass wir $d = 3$ für den entsprechenden Entropiefaktor in A7 erhalten:

$$P_\pi(T) = 3 \frac{\pi^2}{90} T^3 .$$

Für Quarkmaterie betrachten wir ein System bestehend aus *u*- und *d*-Quarks sowie den entsprechenden Gluonen. Hier ist die Bestimmung von *d* etwas involvierter. Jedes der zwei Quarksorten hat drei mögliche Farbladungen, zwei Spinorientierungen, und es gibt auch das entsprechende Antiquark: macht insgesamt 24. Gluonen gibt es in acht Farben, mit je zwei Spinorientierungen, macht 16. Damit erhalten wir $d = 40$ und somit

$$P_{QGP}(T) = 40 \frac{\pi^2}{90} T^3 .$$

Tragen wir nun diese beiden Formen als Funktion der Temperatur auf, ergibt sich zunächst ein beunruhigendes Bild.

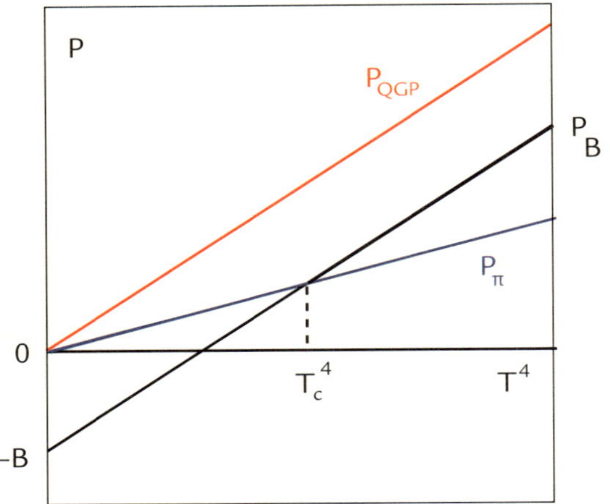

Der Druck der Quarkmaterie, P_{QGP}, ist immer größer als der der normalen hadronischen, P_π. Das hieße, dass normale hadronische Materie höchstens als metastabiler Zustand auftreten könnte – die stabile Form wäre Quarkmaterie. Und jeder Katalysatoreffekt würde unsere normale Welt in ein Quark-Gluon-Plasma verwandeln. Diese Bedenken kamen auf, als erste Experimente zur Erzeugung von Quarkmaterie anliefen, in Brookhaven und am CERN. Könnte das nicht der Auslöser sein, uns alle in unsere Quarkbestandteile zu zerlegen?

Zunächst wiesen dann Physiker in Princeton nach, dass solche Kollisionen, wie sie gerade anlaufen sollten, bereits millionenfach in der kosmischen Strahlung stattgefunden haben und wir immer noch hier sind. Und dann wurde auch der Fehlschluss klar, der dem Bild unterlag. Der Grundzustand unserer Welt, unser Vakuum (0), ist nicht identisch mit dem farbigen Grundzustand der Quarks. Die Bindung der Quarks aneinander gibt ihnen einen anderen, niedrigeren (*–B*). Wenn der richtig berücksichtigt wird, erhält man als Quark-Gluon-Druck

$$P_B(T) = 40\,\frac{\pi^2}{90}\,T^3 - B\,,$$

und stellt dann fest, dass bis zu einer gewissen Temperatur T_c die hadronische Welt, unsere Welt, die stabile ist, und erst bei sehr hohen Temperaturen geht die dann in Quarkmaterie über. Die Welt für $T > T_c$ entspricht also dem frühen Universum vor dem Quark-Hadron-Übergang, vor dem Entstehen des physikalischen Vakuums.

A9: Das Ising-Modell

Im zweidimensionalen Fall ist die Ausgangssituation wie hier gezeigt: Auf einem $n \times n$-Gitter sind n^2 Spins von Einheitslänge angebracht, die entweder nach oben oder nach unten zeigen, $s_i = \pm 1$.

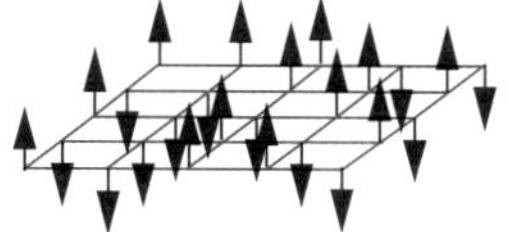

Die gesamte Wechselwirkungsenergie E des Systems ist

$$E = -J\,(s_1 s_2 + s_2 s_3 + \dots + s_{n-1} s_n),$$

wobei immer nur nächste Nachbarn miteinander wechselwirken. Wenn alle Spins in eine Richtung zeigen, erhält man also $E = -Jn^2$. Der Betrag steigt, je willkürlicher die Ausrichtung wird, bis hin zum entgegengesetzten Extrem von alternierenden Spins: Dann wird $E = n^2 J$. Der Koeffizient J bestimmt die Maßeinheit der Energie; die Energie pro Spinpaar ist $E/n^2 = -J$, wenn alle nach oben oder nach unten zeigen, und $E/n^2 = J$ im alternierenden Fall.

Aus der angebenen Form ist klar, dass sich die Energie E nicht ändert, wenn alle Spins umgekehrt werden, $s_i \longrightarrow -s_i$; das System ist invariant unter solchen globalen Spinflips. Andrerseits gibt es zwei mögliche Zustände niedrigster Energie, zwei *Grundzustände:* alle Spins +1 oder alle −1. Welcher Fall vorliegt, wird durch die Magnetisierung angegeben, den mittleren Spinwert m, der entweder $m = +1$ oder $m = -1$ sein kann. Der Grundzustand des Systems ist somit nicht mehr flip-invariant. Um anzugegeben, in welchem Zustand sich das System befindet, ist die Energie nicht mehr ausreichend; man braucht einen zusätzlichen *Ordnungsparameter*, der zwischen +1 und −1 entscheidet, und die Magnetisierung erfüllt genau diese Funktion.

Personenregister

Kursive Seitenzahlen verweisen auf Bildunterschriften.